咖啡猫女◎著

我不是教你诈

Thirty-Six Stratagems For Clever Beauties

聪明女人36计

为女人量身打造的胜战兵法

中国纺织出版社

内 容 提 要

《三十六计》，这部应用最广的胜战宝典，不仅适用于以男人为主导的金戈铁马的军事战争、斗智斗谋的商海决战，还适用于文雅柔弱的小女人所处的没有硝烟的社会战争中。一个不知道自我提升的女人很难获得幸福，一个不懂人情世故的女人很难立足于社会，一个不明白男人心的女人很难赢得爱情和婚姻，一个不会斗智铺谋的女人很难决胜于职场。本书专门针对女性对兵法《三十六计》进行了新的诠释，以女性特有的视角来一一解读其中谋略，旨在为追求幸福、渴望成功的女性献上绝妙锦囊。

图书在版编目(CIP)数据

我不是教你诈:聪明女人36计/咖啡猫女著.—北京:中国纺织出版社,2009.6(2010.11 重印)

ISBN 978-7-5064-5612-8

Ⅰ.我… Ⅱ.咖… Ⅲ.女性—成功心理学—通俗读物 Ⅳ.B848.4-49

中国版本图书馆 CIP 数据核字(2009)第 061723 号

策划编辑:曲小月　特约编辑:李巧新　责任印制:周强

中国纺织出版社出版发行

地址:北京东直门南大街 6 号　邮政编码:100027

邮购电话:010—64168110　传真:010—64168231

http://www.c-textilep.com

E-mail:faxing@c-textilep.com

北京中印联印刷有限公司印刷　各地新华书店经销

2009 年 6 月第 1 版　2010 年 11 月第 7 次印刷

开本:889×1194　1/32　印张:9

字数:200 千字　定价:26.80 元

前　言

时下，如何做个“坏”女人成了女人们重要的一门课，所谓“坏”女人，是指女人用一些“手段”和“心机”来使自己在为人处世、生活工作、爱情婚姻以及身心健康上都能拥有最满意的成就，最终自我价值得以体现。

女人，要独立，要活得多姿多彩，就不能失去自己。一个女人，首先是一个独立意义上的人，性别只是一个附加的特征。而作为一个独立的人，就要有自己独立的人格和价值。美丽和自信是一个女人的原始资本，也许你自身并不漂亮，但一定要让自己美丽；也许，上天并没有赋予你太多的优雅，你也一定要努力培养自己的独特气质。同时，面对大千世界的各种诱惑，女人在拥有了更多的满足以后，不要忘记，别把自己弄丢了。

随着社会的发展，女人的交际范围也越来越广，甚至比男人有过之而无不及，应该说涉及工作和生活的方方面面。因此，也就会碰到形形色色的人和各种各样的事。而在与人相处的过程中，女人也因为性别因素，有着不同于男人的优势与劣势。因此，女人要学会利用各种各样的社会关系，找到做事的关键，从而更好地打开自己的交际圈，做真正意义上的完美女人！

爱情、婚姻、家庭，在女人的一生中，都占有非常重要的位置。在爱情中抓住男人的心，把婚姻生活经营得美满幸福，把家庭维持得和睦安宁，是一个女人需要经营一生的事业。

事业在一个女人的一生中，同样占有着重要的位置。女人在兼顾家庭的同时，在工作中也丝毫不敢有所懈怠。而体力、精力以及思维方式的不同，又使女人处于一定的劣势中。所以，面对这一切不得不为而又有些力不从心的事情时，女人就应该学用智慧和心计了，让自己不输给男人，成就自己半边天的价值！

《三十六计》，这部应用最广的胜战宝典，不仅成就了数不胜数的军事家，而且还成就了许多商人。今天，我要把世上的女人也拖入这金戈铁马中，要姐妹们知道，每一个计策谋略不仅适用于兵戈相见的战场，不仅适用于尔虞我诈的商海，还适用于文雅柔弱的女人，猫猫根据自身对《三十六计》的理解，再加上由个人复杂的经历而产生的对生活的多种感悟，以女性特有的视角来为追求幸福、渴望成功的女人们献上锦囊妙计。

当然了，我教你这些计策，不是为了教你耍奸使诈，而是为了教你看清一些社会现象，读懂一些人物面孔及其内心；为了告诉你如何才能使自己不吃亏，告诉你如何认清人性，提醒你不要因为他们好，就忘了他们的坏，也不要因为他们的恶，就忘了他们的善。

本书的目的就是告诉所有的女人，同时也告诫所有的男人：女人有天生的弱势，但女人绝不是天生的弱者！

另外，本书打乱了原著《三十六计》的先后顺序，按照从计策中受到的启示对文章进行了统一分类，从而使内容更集中，更紧凑，更具逻辑性，更符合人们的阅读习惯，使读者在阅读时不会因内容的跨越太大而对文章产生杂乱无章之感。另外，为了防止因打乱原著中计策的先后顺序而对读者产生误导，本书特将原著《三十六计》原文附于前言后，以便读者进行对照。

咖啡猫女

2009 年 5 月

三十六计

第一计　瞒天过海

[原文]备周则意怠;常见则不疑。阴在阳之内,不在阳之对。太阳、太阴。

第二计　围魏救赵

[原文]共敌不如分敌;敌阳不如敌阴。

第三计　借刀杀人

[原文]敌已明,友未定,引友杀敌,不自出力。以《损》推演。

第四计　以逸待劳

[原文]困敌之势,不以战。损刚益柔。

第五计　趁火打劫

[原文]敌之害大,就势取利,刚决柔也。

第六计　声东击西

[原文]敌志乱萃,不虞,坤下兑上之象,利其不自主而攻之。

第七计　无中生有

[原文]诳也,非诳也,实其所诳也。少阴,太阴,太阳。

第八计　暗渡陈仓

[原文]示之以动,利其静而有主,益动而巽。

第九计　隔岸观火

[原文]阳乖序乱,阴以待逆。暴戾恣睢,其势自毙。顺以动,《豫》,豫以顺动。

第十计　笑里藏刀

[原文]信而安之,阴以图之;备而后动,勿使有变。刚中柔外也。

第十一计　李代桃僵

[原文]势必有损,损阴以益阳。

第十二计　顺手牵羊

[原文]微隙在所必乘;微利在所必得。少阴,少阳。

第十三计　打草惊蛇

[原文]疑以叩实,察而后动。复者,阴之谋也。

第十四计　借尸还魂

[原文]有用者,不可借;不能用者,求借。借不能用者而用之,匪我求童蒙,童蒙求我。

第十五计　调虎离山

[原文]待天以困之,用人以诱之。往蹇来返。

第十六计　欲擒故纵

[原文]逼则反兵;走则减势。紧随勿迫。累其气力,消其斗志,散而后擒,兵不血刃。"需,有孚,光。"

第十七计　抛砖引玉

[原文]类以诱之,击蒙也。

第十八计　擒贼擒王

[原文]摧其坚,夺其魁,以解其体。龙战于野,其道穷也。

第十九计　釜底抽薪

[原文]不敌其力,而消其势,兑下

乾上之象。

第二十计　混水摸鱼

[原文]乘其阴乱，利其弱而无主。随，以向晦人宴息。

第二十一计　金蝉脱壳

[原文]存其形，定其势，友不疑，敌不动，巽而止蛊。

第二十二计　关门捉贼

[原文]小敌困之。剥，不利有攸往。

第二十三计　远交近攻

[原文]形禁势格，利从近取，害以远隔。上火下泽。

第二十四计　假道伐虢

[原文]两大之间，敌胁以从，我假以势。困，有言不信。

第二十五计　偷梁换柱

[原文]频更其阵，抽其劲旅，待其自败，而后乘之，曳其轮也。

第二十六计　指桑骂槐

[原文]大凌小者，警以诱之。刚中而应，行险而顺。

第二十七计　假痴不癫

[原文]宁伪作不知不为，不伪作假知妄为。静不露机，云雷屯也。

第二十八计　上屋抽梯

[原文]假之以便，唆之以前，断其应援，陷之死地。遇毒，位不当也。

第二十九计　树上开花

[原文]借局布势，力小势大。鸿渐于陆，其羽可用为仪也。

第三十计　反客为主

[原文]乘隙插足，扼其主机，渐之进也。

第三十一计　美人计

[原文]兵强者，攻其将；将智者，伐其情。将弱兵颓，其势自萎。“利用御寇，顺相保也”。

第三十二计　空城计

[原文]虚者虚之，疑中生疑，刚柔之际，奇而复奇。

第三十三计　反间计

[原文]疑中之疑，比之自内，不自失也。

第三十四计　苦肉计

[原文]人不自害，受害必真；假真真假，间以得行。“童蒙之吉，顺以巽也”。

第三十五计　连环计

[原文]将多兵众，不可以敌，使其自累，以杀其势。“在师中吉，承天宠也”。

第三十六计　走为上

[原文]全师避敌。左次无咎，未失常也。

目录 CONTENTS

第三篇 婚姻
女人拥有一生的温暖

第一篇

自我实现:做一个有魅力的女人

第 1 计　美人计:你的形象价值百万

第 2 计　树上开花:由内而外地包装自己

第 3 计　笑里藏刀:学会提升自己的好感度

第 4 计　无中生有:外表柔弱,内涵坚实

第 5 计　连环计:成功人生从第一桶金开始

第 6 计　上屋抽梯:别让贪欲害了你

第 7 计　调虎离山:别让压力挤走你的幸福

第 8 计　借尸还魂:借助外力达成目标

第1计

美人计：你的形象价值百万

兵法原文

兵强者，攻其将；将智者，伐其情。将弱兵颓，其势自萎。“利用御寇，顺相保也”。

原文今译

对于势力强大的敌人，要攻击他的将帅；对于有智慧的将帅，要打击他的意志。一旦将帅斗志衰弱，兵士颓废消沉，那么，敌人的气势必然会自行消减。利用此方法控制敌人，就能顺利地保全自己。

心理学上有一个体貌效应，说的是因人的身材和相貌而导致认识上的偏见。在日常生活中，一个人的身材和容貌对其生活、工作、交际都有相当大的影响力，多数人在判断人时都容易受到体貌效应的影响，从而导致判断上的失误。

现实中的确存在这样的现象，人们通常会对那些衣冠整洁、举止优雅的人有更多的好感。自古以来，女人与“美丽”就是不可分的，女人本身就是一道亮丽的风景，尤其是注重自身形象的女人，更是让这世界变得不再单调沉闷，让周围的人们心旷神怡。所谓“爱美之心，人皆有之”，女人靓丽的外表就是先天优势，时刻不要忽视这个优势，同时还要及时地对这些优势进行维护，做好“形象工程”，无论是身处荆棘丛生的职场还是变幻莫测的情场，女人都会打一场漂亮的战役。

形象也是竞争力

从古到今，美是一个永不过时的话题。爱美之心，人皆有之！生活中，美女总给我们一种赏心悦目的感觉。男人拥有娇妻是一种荣耀，小伙子拥有漂亮女友令人刮目相看，连年幼的孩子也为漂亮妈妈自豪，在其他小朋友面前神气十足。

在今天这个凭利益驱动的社会里，美女的价值又何止这些？且不说那些为广告商、出版商、影视投资人创造了无数财富的美女，就是在普通女人的生活中，美女的价值也日渐彰显。美女价值的看涨给我们这个社会中相貌平平的女人无限的压力与打击。如今是“美女经济”时代，“单身女子经济”的异军突起更让人认识到女性魅力的价值“资本”。美女成为成千上万的女人的终极目标。女性美的风尚，已形成一种集体社会模式，而成为女性自我肯定的裁判。

对于女人来说，当今社会的竞争是一个全面的竞争，不只是要比智慧、比能力，还要比气质风度和外貌形象。在今天这个人人都想提高自身价值的时代，具备中等实力的人实在是太多了。在能力都不是极为出色的情况下，谁在机会面前的曝光率高，谁成功的可能性就会更大一些。以“没有时间”“麻烦”或“没钱”为借口，心疼在自己的外貌上做投资的女人还是大有人在。总是把买衣服或去美容院的时间，投资到另外的事情上的女人，需要弄明白，其实，对外貌的投资也是为你的成功而投资的一部分。

有调查也显示，相貌对职业发展的影响不可小觑。英国经济学家指出：长相一般的秘书比起漂亮的秘书，收入要少15%；姿色较差的女子比美丽的同事少赚11%。职业女性应关注自己的仪表仪容问题，这关乎个人职业化程度的高低。

会不会打扮和一个女人的职场前途真的密切相关。这个世界总是给美女更多的机会。很多时候,美女确实享有特权。在看不见的不平等面前强调个性,这确实有一点儿让人无可奈何。如果打扮能够让人感觉自己重视这个工作,能够有助于业务开展,又何乐而不为呢?

女人要为自己打扮

一般来讲,女人比男人更关心自己的容貌,美丽的容貌也使女人更加自信。随着时代的变迁,美的标准也在不断地变化着。但是万变不离其宗,真正的美丽一定要健康和充满活力。除了天生丽质,美也可以通过后天的培养塑造成型。女人不仅仅是母亲、妻子、职员,女人要对自己好一点儿,要享受做女人的乐趣。

不管你是居家主妇还是职场丽人,无论你是安居围城中还是依然流浪城外,也不论你是国色天香还是平凡得像邻家妹妹,做女人一定要将美丽进行到底,绝不能找任何借口邋遢。女人一定不可以穿着睡裙拖鞋去买柴米油盐,也不可以像个工作狂一样,8小时以外也穿着制服和工作服。

真正的美丽是对健康生活的积极追求,是对美好人生的感恩和满足。对于女人来说,爱美,就是爱自己。

没有迷人的容貌,那就练就可爱的表情吧

表情让女人更迷人,吸引男人的不只是容貌,还有表情。表情,述说着一个人的以往;表情,就是一个人的历史。表情的丰富性展现出一个人内在的丰富性。表情,表现出一个人的内心。缺乏表情的人,内心一定也很贫乏,和这种人谈话,可以想象一定很无趣。有些男人会对服务行业的女性,如空中小姐、酒店服务员

等动心，皆因她们的表情漂亮可爱。

女人们，也许你没有倾城倾国的姿色使众多的异性对你趋之若鹜，不能因美貌而使同性咂舌不已，但是你可以用心琢磨自己的表情。拥有可爱的表情比拥有迷人的容貌更容易给人留下深刻的第一印象。那些虽然称不上美女，却很受欢迎的女子，皆因她的表情神态很可人。她们甜美、亲切、迷离、神秘、纯真、有气质、高贵……她们可以有很多种表情，但她们拥有的一定是活泼、充满活力的表情。会笑的女人、姣好的女人、古灵精怪的女人永远在爱情中胜出。她们的神态表情，打动了内心苦闷的男人。

美丽，女人一生的功课

在今天，几乎每一个女人都相信"世上没丑女人，只有懒女人"之说。女性对美的追求都已从"悦己者"，变成"己悦者"。对于女人而言，鲜有不重视自己容貌的。现代的女人，也像古代的女人一样爱美。但是更为幸运的是：现代的化妆技巧和保养的技术和用品，都远比过去精良。

美容大师克莱尔·玛娜有一个著名的公式：三分姿色＋一分化妆＋二分服装＋二分首饰＋二分手袋＝百分之百美人。

美丽和钱没有绝对的关系。有钱可以去美容院、健身房，用昂贵的化妆品，做最时尚的发型，买名牌的服饰，去环球旅行……但是没钱你也可以拥有美丽，你可以用黄瓜、西红柿、牛奶、蜂蜜、珍珠粉做面膜，用蛋清和醋、天然盐做发膜，你可以吃健康经济美容的食物，在公用健身器上扭腰，周末去郊外踏青……在小店里也一样有美丽时尚的衣衫，只要你有足够的眼力去挑选和搭配，你绝对也可以走在时尚的前沿。你要常常浏览一下时尚杂志，可以不跟着潮流走，却不能不了解潮流。不必担心搭配过于大胆，你要敢秀，才能扮得足够靓，足够个性。

做足“表面”功夫

人们区别美女和丑女，比起容貌美丽，更在于“形象美”。只要能把适合自己的某一点放大，就能收到意外的效果。

女人一旦化了妆、穿上漂亮衣服，看起来会更美丽。这不仅仅是因为打扮，而是因为女人会从中得到自信。坚持打理自己，认为自己是个美丽的女人，那么你就可以树立自己的美女形象。女人可以尝试适合脸型的多种发型，也可以通过化妆使自己的五官更加精致，还可以穿高跟鞋来弥补矮个子的缺陷。只要努力，任何人都可以成为美女。

打造自己的形象需要更多的诚心和努力。对自己的形象用心的人，知道如何展现自己的长处，从而获得自信。而生活萎靡不振、生活节奏紊乱的女人，仅从她们憔悴的外表就能轻易地看出来。女人要记住，不论多么疲倦，也要搭配好出门要穿的衣服，花一点时间化好更漂亮的妆容；为了身材和健康着想，尽量保持规律而有节制的生活。不要把打造形象当作负担，而是当作女人快乐的资本和能享有的特权，生活会更加丰富多彩。

自古至今，表面功夫对女人是很重要的；就算女人以实力崭露头角，还是不能不重视表面功夫。一个女人，能够把自己打扮得漂漂亮亮，别人看着赏心悦目，自己感觉神清气爽，如果再有助于工作，那岂不是三全齐美的好事。

对自己的外貌没有自信的女人，或许因为自卑，你一直无法拓展人际关系。那么，现在试着改变一下自己的形象，你会发现，只有在电影中才能看到的美女所享有的特权在现实生活中也确实存在，你可以大胆地和自己喜欢的男孩谈恋爱了，你有了更多面试成功的机会……

赏析

美人计，出自《六韬·文伐》：“养其乱臣以迷之，进美女淫声以惑之。”美人计，用于战争中，指对于以军事行动征服不了的敌人，要使用“糖衣炮弹”，先从思想意志上将敌方的将帅打败，使其内部丧失战斗力，然后再行攻取。利用美色来对付他人，谋取利益，或者达成愿望的事，层出不穷。在现代生活中，虽然不提倡以貌取人，但是大多数人的心里还是有这样的偏见。对于现代的女人而言，需要做的是首先提醒自己不要以貌取人，以免误入他人设下的“美人计”中，接下来就要根据社会上大多数人以貌取人的心理，来打造自身的完美形象，从而实现悦人悦己的效果，达到自己想要达到的目的。

第2计

树上开花:由内而外地包装自己

兵法原文

借局布势,力小势大。鸿渐于陆,其羽可用为仪也。

原文今译

借助其他局面布成有利的阵势,虽然兵力弱小,但阵势却显得很强大。鸿雁高飞,横空列阵,凭借丰满的羽翼来助长自己的气势。

铁树能开花,人加上包装,也能够把很多不可能变成为可能。那个"酒香不怕巷子深"的时代已经过去了,这个时代需要你主动站到人前进行自我推销。女人一样要抛头露面,要开创属于自己的天空。而这个时代又是美女如云,人才辈出,竞争异常激烈。因此,在这个时代里,深巷里的好酒一样会有卖不出去的可能,皇帝的女儿也会有愁嫁之时。一个女人,要想拥有幸福的生活,要想获得成功的人生,就必须要很好地表现自己,而这种表现不仅仅是表现在个人的知识技能上,还要表现在自身的外在形象和内在气质上,要在举手投足间,彰显自己的独特之处,宣传个人的品牌形象。

有美丽,更要有魅力

魅力是女人的专属词汇,只有女人才能为这一词汇注入确凿的含义。

有魅力的女人是内涵丰富的女人。举止谈吐，一投足一举手之间都那么含蓄、深沉、温柔、善良，给人一种亲切、安慰、怡人的愉悦和韵味，不但自己对生活充满热情，而且还能唤起别人对生活热情，使生命变的光彩照人。

魅力不是天生的，魅力需要培养，需要女人精心经营，需要用一颗不安分的心去“贿赂”魅力，而女人的保养则是提升魅力的最大捷径。

保养，不只是要多喝水、多吃好东西、抹高档化妆品、受男人呵护，还包括称心的工作、平和的心态、宽容的处世态度……这样的女人从内到外都有价值感，而且能跟上时代的潮流，因此也更具有魅力。

无论你是处于何种年龄阶段的女人，首先要好好爱惜自己的健康，健康才是魅力的源泉，而时尚的穿着打扮都只是表象。一个不健康的女人，其魅力是片面的，是经不起岁月的考验的。

释放魅力要慢慢来，不要把自己的“魅力花样”一股脑儿地倒出去，而要结合特定情境不断展现自己独特的魅力。女人的魅力不是心机的把戏，不是只修炼几堂培训课就行了，不是取悦上司就够了，而是要更多地激活自己的潜能。除了具备优异的人格魅力，还要有不俗的谈吐，更要有一定的善变能力。

美丽女人，内外兼修

女人的美丽，只有漂亮的面孔，婀娜的身姿是不够的，美丽是个很特殊的词，它本身具有很丰富的含义。它包含了一个女人内外兼修的容貌和气质，它体现在你的一举手一投足之间。一个真正的美女，即使穿着普通也掩饰不住她与众不同的神采。

清晰温和的语调和表情，有风度的行为，这样的女人愈看愈觉得美丽。这种美女的行为，也只有在自认为美丽的时候才能表现出来。性格温和、态度积极的人，皮肤也会不错，这是科学上已经证明的事实。一个人的行为和形象是成正比的，一个女人，就算有了一张漂亮的脸蛋，如果面相凶狠，也不会被人称作美女。让自己具有温和、美丽的心灵，比任何东西都重要的多。

善良应该是女人必不可少的美德，一颗美丽的心灵，那是一种永不凋谢的美丽。善良中蕴涵着宽容与大度，善良中深藏着理解与尊重，善良中包含着仁爱与友善……善良偶尔会被人误解和利用，但那绝对是女人的一个重要的砝码。南丁格尔是许多人心中最圣洁、最漂亮的女人，因为她有一颗为他人解除痛苦的善良的心。

女性是社会不可分割的一部分，同时也是独立的个体，所以无论什么时候女人都应独立，才会美丽。一个女人敢于独立生活，不依靠男人，不做反射别人光彩的月亮，那么她一定是有底气的、乐观的、有能力的，从而是有吸引力的。三毛曾经说，我的心有很多房间，荷西也只是进来坐一坐。

学会独立是女人推不掉的人生作业。越是浮躁喧嚣的今天，越是要静下心来做自己的事；越是在虚假繁荣的泡沫中求生存，越需要从容独处时的踏实感。再绚丽多彩的生活，再丰富莫测的职业，即便是可以夜夜笙歌的有钱有闲阶级，也不可能不独自面对自己。

漂亮的女人不一定美丽，但美丽的女人一定是漂亮的，因为那是一种包含女人特有内涵的漂亮：那便是坚强、独立、才华和善良。不要再去争论谁是美人，美丽的标准是什么，女人的美丽，无需太多言语，女人本身就是一种美丽。

美丽是别人对你的称赞，而非自己下的定义。美丽是你脸颊上挂着的淡淡的微笑，美丽是你对别人声声温暖的问候；美丽是围绕在你周围阵阵清脆悦耳的笑声；美丽是你向他人毫不犹豫地伸出援助之手；美丽是你对父母、亲人和朋友细致入微的关怀……美丽的人是因为美丽的心而美丽，美丽的外表只能美丽一时，而美丽的心却能够美丽一生！

修炼气质，打造女人自己的品牌

女人可以凭借自己漂亮的容貌吸引人们的眼球，但真正能让人们为之倾倒的，却是女人那如诗的气质！气质对于每一个女人来讲都是公平的，每一个女人都能够得到气质精灵的宠爱，每一个女人都有机会展现自己独特的气质魅力。

气质是指人相对稳定的个性特征、风格及气度。性格开朗、潇洒大方的人，往往表现出一种聪慧的气质；性格内向、温文尔雅，表现出高洁的气质；性格爽直、风格豪放的人，气质表现为粗犷；性格温和、秀丽端庄，气质则表现为恬静。无论聪慧、高洁，还是粗犷、恬静，都是一种气质美。气质看似无形，实则有形。它是通过一个人对待生活的态度、个性特征、言谈举止等表现出来的。走路的步态，待人接物的风度，皆属气质。

靳羽西曾经说过："气质与修养不是名人专利，它是属于每一个人的。气质与修养也不是和金钱、权势联系在一起的，无论你从事何种职业、属于任何年龄，哪怕你是这个社会中最普通的一员，你也可以拥有你独特的气质与修养。"

气质不是卖弄和表演，更不是矫揉造作的忸怩作态，而是一种自然的流露。它把女人生命中美好的娇艳释放出来，而又不走火入魔地沦落于低俗。气质是从骨子里透出来的，气质女人有着内心独有的风景，如诗如画，变化万千中流露出动人妩媚。

女人读书,一份永不过时的美丽

这个浮躁的年代,人们都把闲暇时光奉献给了商场、吧台,或者无所事事的消遣。但是,阅读仍然是这个时代最美丽的精神体验。在书卷里待久了的女人,也自然有翰墨的味道,那是任何名贵香水所无法比拟的,而且随着年岁的增长更见浓郁,足以伴随一生。如若一个女人的周末花在逛图书馆上,相信会引来人们的惊异,现如今还三天两头往图书馆跑的人,想必都有一颗沉静的心。

过去对好女人的评价标准是进得了厨房,出得了厅堂,那是传统好女人的标准。今天我们还要加上一条,那就是泡得了书房。新时代的女性要有独立的人格、善于思考的头脑、广博的知识和敢冒风险的果断与决然。而这一切,都来源于她们深厚的情感体验和广博的知识结构,来源于她们泡在书房孜孜不倦地刻苦读书和尽情地才华挥洒。

在很多爱书女人的眼里,逛书店这件事仿佛是一场非常浪漫和有情调的约会,在那里可以闻到纸墨香,可以和书肌肤相亲,可以了解到最近的流行和大家的关注点,如果再碰上一些讲点儿情调的书店,去书店就成了一趟旅游,一次身与心的完美体会。

读书的女人,生活情趣高尚,很少持续地去叹息忧郁或无望地孤独惆怅。读书的女人,不管走到哪里都是一道风景。也许她貌不惊人,但她的美丽却是从骨子里透出来的,谈吐不俗,仪态大方。爱读书的女性,她的美,不是鲜花,不是美酒,她只是一杯散发着幽幽香气的淡淡清茶。

腹有诗书气自华。腹有诗书的女人,丰富的内涵和教养是根是源,辉映在外的是气质优雅、风度翩翩。腹有诗书的女人,拥有以丰厚知识为依托的美,美得自然大方,美得恒远长久。

书对于女人的效力，不像睡眠，睡眠好的女人，容光焕发；失眠的女人，眼圈发黑。读书和不读书的女人在一天之内是看不出差别来的。书对于女人的效力，也不像美容食品，滋润得好的女人，驻颜有术；滋润得不好的女人，憔悴不堪。读书和不读书的女人，在3个月之内，也是看不出差别来的。日子一天一天地走，书要一页一页地读，一年、几年、一辈子地读下去。书就像微波炉，从内到外震荡着我们的心，徐徐地加热，日子一久，书的效力就凸显出来了。读书女人身上的书卷气，把女人衬得格外美丽。

高尔基说“学问改变气质”，读书是气质、精神永葆青春的源泉。读书又是不分年龄界限的，年年岁岁都是女人读书的芳龄！读书的女人，永远是一份不过时的美丽。

女人如果想变得让人耐读，就必须得带点儿书香。带点儿书香的女人，就像一枝迎风招展的鲜花，无论你长在争奇斗艳的百花园里，还是散落在乡间田原，它都可以绽放出一股诱人的花香，或清新或奇艳，或素雅或浓烈，它总给人一种梦魂缠绕的感觉，让人素手留香，过目不忘。书香中熏陶出来的女人，犹如冬夜里暖炉上的一壶热咖啡，总是能够温暖每一个风雪夜归的人。带着书香的女人，美丽中闪烁着智慧的光芒，所以永不褪色。

女人味，彰显你“魅”的灵魂

女人都希望自己是美丽的，追逐美丽是女人生命中自动自发的目标和任务，而美丽是个既具体又抽象的概念，许多女人追逐一生也终不得要领。其实，女人美丽的核心是女人味，做个有味道的女人是所有女人的美丽梦想。女人味不是与生俱来的，而是要通过后天的修炼，才能使自己的女人韵味丰盈四溢。

女人味，是专属于女人的，是女人的魅力之所在。做女人一定要有女人味。女人有味，三分漂亮可增加到七分；女人无味，七分漂亮会降至三分。女人味让女人向往，令男人沉醉。女人征服男人的，不是女人的美丽，而是她的女人味。

女人味已经成为一个时髦的词汇，更多的女人越来越追逐“女人味”。但是“女人味”却是一个说不清、道不明并且不可度量的概念，一千个女人就有一千种味道，一千个人对女人味就有一千种定义，所以女人味是千姿百态的，我们无法给女人味一个确切的、具体的、让所有人都满意的答案。但是，要想成为有女人味的女人，以下的一些基本要素是要具备的。

高雅：现代女性对高雅风度的追求，体现了她们把握自身风姿、格调的一种高超的控制能力。越来越多的女性能够恰如其分、灵活机动地把握住美的“度”，从而在任何环境中都不失其雅。

真诚：现代女性越来越追求真诚，该说的说，该怒的怒；对的坚持，错的改正。持这种真诚生活态度的人，都敢于面对现实，敢于正视自己和正视别人，她们心地坦荡，纯真无瑕。她们对自己从不苛刻，想玩想吃，随心所欲。

温柔：女性的温柔是一种神奇微妙的东西。它听不见，看不到，摸不着，但却能实实在在地感受得到。温柔总和仁慈、宽厚、善良相伴，它使人景仰，令人崇拜。温柔是由内而外的，一个女人站在面前，说上几句话，甚至不用说话，我们就能感觉出这个女人是温柔还是不温柔，令人不由自主地就沉浸在女人所营造的氛围中。这种女人味与年龄无关，甚至与外表也没有特别大的关系。

妩媚：德国著名美学家莱辛说，媚就是在动态中的美。他把“媚”比喻为一种“稍纵即逝却令人百看不厌的美”。正是这种稍纵即逝的美，使女性充满魅力。

浪漫：浪漫不是钻石和金钱，而是一种美好的情调。它也代表了女人天性中的另一个特点——内在的温柔和一种对美好生活的向往与追求。它会让女人胸怀豁达，也能成为受他人欢迎的人。

勤奋：现代女性的勤劳体现在勤奋的生活格调和活跃的思维习惯上，它为女性的风采加上了朴实的光环，使她们和男人一样在职场上拼搏奋斗，谈笑风生。

有女人味的女人，拥有的是不经意间流露出来的高雅和安详，一种含而不露的神韵；有女人味的女人有着天使般的笑容，带着一点点的矜持和一点点的诱惑；有女人味的女人眼神里有春波荡漾却不失沉着，读出的是一种明媚和风情万种；有女人味的女人声音充满着磁感柔性，悦耳动听，只闻其声就能使人心静如水；有女人味的女人对服饰不求暴露的性感美，但求有品位有情调，那是一种醉心的女人韵味，风情含蓄内敛。

有女人味的女人心态平和乐观，即使人到中年却风韵犹存。她们保持着苗条的身材，凸凹有致，对女人的韵味把握得恰如其分，即使她不动不摇，依然春光灿烂，读来如一首风情极致的诗歌。她们在生活中扮演着多重角色，她们有着为人女的孝顺，有着为人妻的娇媚，有着为人母的祥和……有女人味的女人经营着自己的小日子，为自己、为家庭、也为生活增添着幸福的味道。她们在快乐中找回自我，在快乐中与青春相伴，在快乐中挥舞潇洒。

有女人味的女人能够真正地理解女人味道的本质——不再修饰而一任天然地释放，张扬得有板有眼，把女人生命中美好的娇艳展现出来，又不走火入魔地使自己沦落于卖弄。“清水出芙蓉，天然去雕饰”，有女人味的女人流露出的永远是自然的本性。

身为女人，不能没有女人味，无论是活泼开朗还是温柔贤惠，拥有女人味的女人才是真女人。女人味犹如菜里的盐，如果缺少了，菜就会淡而无味。

丑女也无敌

上帝赋予我们每个人的外貌都是难以改变的，如果天生丽质我们自然高兴，但如果不是那么尽如人意也不必自暴自弃，因为除了靓丽的外表本身，我们还拥有一种发自内心的美丽，那就是自信。

《丑女无敌》在湖南卫视的热播，使得林无敌的形象深入人心：大黑框的高度近视镜，土里土气的两条麻花辫，毫无搭配美感可言的衣着，丑上加丑的牙套，都让人看到喷饭。

所以，她虽然多才多艺，虽然有硕士学位，虽然有电脑等级证书，虽然有丰富的金融财务统计等相关知识，却都不能弥补她的丑所带来的负面效应。在一连串的面试失败后，她也并未放弃，而是继续寻找工作，终于被一个家族企业录用了。由于相貌原因，她不仅受到老板的歧视，还受到同事的排斥。但是，外界的压力对她而言，是一种动力，她从容地应对着这一切。她不因自己的相貌而妄自菲薄，而是凭借自己的学识和善良，努力把工作做好，从而逐渐改变了众人对她鄙夷的眼光。

这个社会有很多丑女，但是丑女并不是弱女。相貌不漂亮，并不一定就一直是被嘲笑的对象。别人怎么样，随他们去吧。我们自己要做最好的自己。不必太在意他人的眼光，坚持自己的路线，不随波逐流，做最本色的自我，

要知道，这个社会虽然有以貌取人的习惯，但是这个社会同时也有以能力衡量人的传统。外表固然重要，但是独特的气质、内涵才是一个人最重要的资本，拥有气质和内涵的女人，即使容貌“丑”，也瑕不掩瑜。人生的道路上，一样所向披靡。

赏析

树上开花，是指树上本来没有开花，但可以用彩色的绸子剪成花朵粘在树上，做得和真花一样，不仔细去看，真假难辨。此计用在军事上，指的是自己的力量比较小，却可以借友军势力或借某种因素制造假象，使自己的阵营显得强大，对于女人而言，就是要善于借助各种因素来为自己壮大声势。精品之所以贵，不只取决于材质和工艺技巧，还在于其精美的包装。

这个世界上，没有丑女人，只有懒女人。容貌是天生的，不好改变，但是气质却是可以修炼的。温柔的性格，善良的心，恰当的服饰，得体的行为，丰富的知识，独特的思想，超人的智慧等，都可以让一个相貌平平的女人变得光芒四射，更会为一个原本就有着美丽容貌的女人锦上添花。所以，作为女人，一定要懂得利用一切有利于自身形象提高的因素来包装自己，要努力把那些“假花”一步步变成为自己增色的、提升自身价值的“真花”，从而使自身这棵没有花或者花很少的“大树”变得绚烂多彩、摇曳多姿。

第3计

笑里藏刀:学会提升自己的好感度

兵法原文

信而安之,阴以图之;备而后动,勿使有变,刚中柔外也。

原文今译

先使敌方充分相信我方,并安然不动,麻木松懈,却在暗中谋划克敌制胜的方案,准备充分后,再根据时机突然行动,不让敌人察觉而采取应变措施,即外表友善,内藏杀机。

在我国的语言中,“笑”有很多种表达,其中,“笑里藏刀”是外表和气、内心却阴险的笑,是一种表面友善而暗藏杀机的谋略,也可以理解为是一种示弱于外、藏强于内的智慧。而“微笑”却是一种真诚而温暖,在不知不觉中征服人心的笑。在现代社会中,对于女人来说,无论是职场还是情场,处处竞争激烈,到处都可能隐藏杀机,女人尤其是年轻的女孩,初涉社会时,有点心计、有点城府确实不失为一种生存策略。但是,真诚是做人之根本,人要长期生活于社会,与周围所有的人打交道,必须以真待人,以诚服人。所以,女人们,在与人交往时,暂时放下你笑里藏着的“刀”吧,或者说,把此“刀”进行一些改造,不要让其伤人,只要将其转化为真诚、智慧、爱心即可,然后通过微笑这个载体,将其传给对方,从而以和风细雨的方式征服对方。

微笑是最美的表情

微笑，一个简单得不能再简单的动作，一种平凡得不能再平凡的表情，却是女人一种最美丽的语言，它是友善，是关爱，是温情，更是宽容和信任，也是绽放在女人脸上的灿烂阳光。微笑传递的信任，可以让人感受你的真诚；微笑传递的温情，可以消融心底的冰冷；微笑传递的友善，可以让心与心零距离；微笑传递的宽容，可以看到更加温暖的世界。把微笑送给别人，你将会体验到一种真正的愉悦。学会用微笑去面对每一个人，因为"世界就像一面镜子，当你向它微笑之时，它必以笑颜回报"。

一家口碑很好的连锁花店，因为店面的扩张，决定高薪聘请一位售花小姐，老板从上百个应聘者当中留下了三个清纯如花的女孩：一个是花艺学校的应届毕业生，一个有着丰富的售花经验，最后一位只是一个既没有文凭也没有经验的普通待业女孩。老板让她们每人用一周的时间作为试用期来经营花店，然后根据她们的表现录用其中的一个。

经营花店时，花艺学校毕业的女孩充分发挥自己所学的专业知识，使出了浑身解数，从插花成本到插花艺术她都专心地琢磨。专业的知识和过人的智慧为她一周的鲜花经营带来了良好的业绩。

第二周经营花店的是那位售花经验丰富的女孩，丰富的销售经验和实践技巧，使她对顾客心理捉摸得一清二楚，几乎每一位顾客进店，她都能够说服她们带走一篮或者一束鲜花，一周下来，业绩自然不用说。

等到最后那位女孩来经营花店，她一开始就有点手足无措，售花对她来说是一门从没有接触过的学问。尽管女孩很努力，业绩却不尽如人意。然而，置身于花丛中的她，笑脸就是一朵绽放的花，从外表到内心她都流露出了一种对生活的热情，对工作的热忱。对每一朵花，她都呵护有加，每一朵残花她都舍不得扔掉，修剪一下，免费送给店前来往的行人。最为可贵的是，来店里的每一位客人，不管买花与否，临走时都将得到她一句真诚的祝福——“送人玫瑰，手有余香”。而每一位顾客听了她的祝福，都会很开心地回应她一个开心的笑容，然后快乐地离开。

录取的结果着实让人有点意外，老板最后选中的竟然是第三个女孩，这让前两人颇为不服。对此，老板自有他自己的道理：花艺可以慢慢学，经验可以慢慢积累，但是像花一样的热情却是学不来的，因为这里面包含了一个人的气质、品德和自信……

从心底发出的微笑，能传达许多情绪信息，最直接的意思就是：我喜欢你，我是你的朋友，也请你喜欢我。由于我们的微笑，使对方感觉到自己是一个值得他人表示好感的人，从而有一种被肯定的幸福感。

密歇根大学心理学教授米柯纳的研究表明，面带笑容的人，比起紧绷脸孔的人，在经营、推销以及教育方面更容易取得成效。笑脸比紧绷的面孔，藏有更丰富的情报，因而更有感染力，更有可能在人际互动中占据主动。

没有人富有得不再需要微笑，也没有人贫穷得无法送出微笑。女人学会了对自己微笑，就学会了热爱生活，学会了对别人微笑，就学会了珍惜美好，学会了对一切生命微笑，你的人生便处处充满阳光！学会了微笑，你便是永远的蒙娜丽莎。

微笑能创造奇迹

有这样一句话——我看到一个人脸上没有微笑，于是我给了他一个微笑。真应该感谢第一个说这句话的人，因为他让每个看到这句话的人都泛起了微笑。

微笑就像是感冒，是一种会相互传染的东西。它从一个人的脸上传染到另一个人的脸上，最后就像是美丽的花朵在人群中绽放开来，人们彼此感受着微笑的神奇力量。

对于一个完美的女人来说，微笑是你成功的不二法门，因为它有着丰富的内涵和无穷的功用。

推销员胡小珊去拜访一位有意向的大客户，最后却灰头土脸地回来了。经理了解到这一情况后，微笑着对胡小珊说："为什么不再去拜访一次？不要有太多的压力，调整好心态，记住微笑能带来奇迹，即使是在接听电话的时候，对方也能感受到你的微笑……"结果，她脸上快乐、谦逊、真诚的微笑感染了这位大客户，爽快地签订了协议。胡小珊高兴不已，马上乘着兴致，又联系了一家以前打过电话的公司。她始终记着经理的那句话："即使是在打电话的时候，对方也能感受到你的微笑。"她努力微笑着在电话里与对方沟通，果然，又一家公司被她攻了下来。

因为你的微笑，不会有人挑剔你的态度不好，不会有人责骂你不够礼貌，更不会有人深究你的责任，以微笑展示你的和气还能"生财"，我们的祖先早就洞察出了这一点。微笑不仅改变了自己的心情，还从对方那里得到了许多帮助和方便。

微笑是一件娱人娱己的有力武器。微笑可以产生放松的生理状态，而放松的生理状态与紧张的情绪状态是不兼容的。当你绽开笑容，愉快的情绪会随之而来。

赞美别人时，微笑会使你的赞美之词更加有分量；恳求别人时，微笑会使对方无法拒绝你；接受别人的帮助时，微笑会帮你表达加倍的谢意；当你无意伤害了对方时，微笑会替你传达歉意，减轻对方的痛苦。所以，从今天起，开始微笑吧。

用微笑装点你的美丽

很多问题是不可能用微笑解决的,但是你可以用微笑消除问题发生的可能。微笑的后面蕴涵的是坚实无比的力量,是生活的热忱和信心,是高格调的真诚与豁达,是直面人生的智慧与勇气,是改变容貌、改变心境的良药。

微笑是一个人最美的神态,长得再丑的人,只要一露出真诚的笑容,就会一下子变得漂亮起来。杨贵妃"回眸一笑百媚生,六宫粉黛无颜色",也正是因为其中的"回眸一笑"才博得了唐明皇永久的爱恋。蒙娜丽莎,正是因为她那安详而神秘的微笑,迷倒了几个世纪以来的所有人。

梦莹是一名在校大学生,因为相貌很丑,经常受到同学们的嘲笑,这让她十分气愤和痛苦。当她又一次因为自己的相貌而独自垂泪时,被一样相貌平平但事业有成的妈妈看见了,她开导女儿说:"美丽的秘诀是脸上挂满笑容,不管同学们如何对待你,你都要友善亲切地主动打招呼。"

看着妈妈一脸自信的美丽笑容,梦莹听从了妈妈的话,她暗下决心,要学着微笑。结果没过多久,同学们对她的态度就发生了很大的变化,认为她是同学们当中最受欢迎、最有人缘、最易相处的人。

一个面带微笑的人永远受欢迎!微笑可以让你变得更加快乐!当你微笑时,你身边的人看到你的笑容心情会更加平和,生活在一个平和轻松的氛围中,怎么能感受不到更多的快乐呢?

做个微笑女人

“回眸一笑百媚生，六宫粉黛无颜色。”此言虽然不无诗人的夸张，但它曾让多少女性为之羡慕和神往。也许你做不到“百媚生”的效果，但盈盈的笑意就能让你增姿添色。

上帝常常是不公平的，在他心情灿烂的时候，塑造了一批天生丽质的杰作，而在昏昏欲睡之时塑造了一批平庸之作，更在大发雷霆的时候制作了一批笔误。只要不是上帝的笔误，不需要用手术去调整的，我们都可以用气质、谈吐、修养来弥补外表的缺陷，或是给美丽的容貌锦上添花。

微笑是女人最好的化妆品，即使做不到微笑，也要做到舒展。女性时刻洋溢着的友好、真挚、楚楚动人的微笑，能散发出无穷的女人味。再好的化妆品如果没有了微笑这一“精神化妆”妙法，也无法更好地显示出女性的女人味。当你的脸上洋溢着微笑，你会容光焕发，令人愉悦。如果你不快乐，先想想让自己快乐的事，笑容就会慢慢地爬到你的脸上；如果你不快乐，先把笑容放到你的脸上，慢慢地你就会心花怒放。

斯坦福大学心理学家阿尔伯特·班杜拉曾经说过这样一句话：“人们对其能力的自信心会对其能力的发挥产生巨大的影响。能力不是固定资产，弹性极大，关键是怎样发挥它。”因此，女性要多保持脸上的笑容，以增强自信，从而最大限度地发挥潜能。

在适当场合，女性的笑非常重要，它能够充分展示女性自身的最佳品位和高雅气质。女人不同的笑具有不同的气质，若能恰当运用各种笑，不仅能表现出自己的教养、风度，同时也可增强自己的气质。而具有丰富心灵内涵和较高文化修养的女性发出的笑容，更可以在他人心灵上留下美好印记。

微笑对于女人有着不可估量的力量，微笑是清凉的山泉水，平静了别人的火气，也滋润了自己的心田。微笑于亲人，是贴心的关爱；微笑于朋友，是心与心的沟通；微笑于陌生人，是距离与距离的缩短，微笑于敌人，是自信的回击。微笑在创造着神奇的人际关系的同时，也在改变着自己。

香港凤凰卫视的著名主持人吴小莉，看来就让人有一种很亲切的感觉，原因是她有一张会笑的嘴——嘴角略微上翘，这让她与众不同，而这种不同，源于她嘴角上翘所带出来的微笑。

女人要学会巧妙地运用微笑，它是一门学问，又是一门艺术。微笑要发自内心，要自然、美好、真诚。切忌虚假造作的微笑。真诚的微笑会令对方感觉你是他最真挚的朋友，而且你在异性心中的魅力会大增，笑得更开心。

赏析

笑里藏刀，原指那种口蜜腹剑、两面三刀的作法，形容对人外表和气，内心却阴险毒辣。此计用于军事上，是指政治外交上的伪装手段，即通过欺骗麻痹对方，来掩盖己方。这是一种表面友善而暗藏杀机的谋略。

在现代社会生活中，笑里藏刀也是为经营者常用的计谋。女人在某些方面，有着不如男人的弱势，也有着温柔爱笑的优势，女人可以充分利用这一优势，在与商业合作伙伴洽谈时，把机智聪慧之刀藏在微笑里；在与朋友交往、与亲密爱人相处时，把真诚关爱之刀藏在微笑里；在逆境困难前，把坚强不屈之刀藏在微笑里……切记：女人微笑可以不暗藏杀机，却不可不暗藏契机，这契机能够使女人征服对手、收获友谊、赢得爱情、实现自我。

第4计

无中生有：外表柔弱，内涵坚实

兵法原文

诳也，非诳也，实其所诳也，少阴，太阴，太阳。

原文今译

人为地制造使敌人相信的假象，而在假象中又有真实行动。造成敌方的判断错误，给对方以出其不意的攻击，最后把虚假态势发展到极端，再巧妙地将其转化为真实，而非弄假到底。

男人是充满好奇心的动物，需要新鲜感和刺激，太快让对方熟悉你的一切，只会扼杀激情。要想让他对你死心塌地，就要好好掌握你和他之间的距离，对他若即若离，给他制造一点儿神秘感，让他对你时刻有着浓厚的兴趣，对你时时有着新鲜和好奇感。同时，女人展现给对方的，还不能是一个完全坦率的自己，要虚虚实实，真真假假，既要有柔弱的外在表现，又要让他看到你坚实的内在素养。让他在你面前，既不会自卑，也不敢小瞧你。

女人需要美丽与智慧并存

保养、装扮、训练都可以提升女性的魅力，但是，这些不是女性魅力之本，而只是塑造女性魅力的技术性手段和方法。我们能够确定的是，任何有魅力的女人，她必定是内秀的。

就像女人美丽的容貌、美丽的头发、美好的身段要靠保养一样，女人的内秀更需要天长日久地刻意培养——问问自己是不是还在为人生的目标锲而不舍地追求，是不是一直还在读书学习，是不是常常对他人施与关爱和援助，是不是爱名川、爱大山、珍惜自然，是不是能够不断发现平凡生活中的一切美丽，是不是还对琴棋书画保持着执著的兴趣……

一个始终关注着自己内在成长的女人，她的心灵质量必定不断丰厚。一个精品女人，除了美貌，还要有灵魂，否则便沦为花瓶。如果美貌使女人光芒万丈，才华就使一个女人魅力四射。

这样的女人，她的一举手一投足、一颦一笑，都展露出真正的风雅。现代女性明白，美貌是短暂的，职场竞争是激烈的，更是无情的。只靠天生丽质，只放电不充电，最终一定会被淘汰。现在“不再青春”的定义不再是美貌的逝去，而是指因为知识、心态和能力等原因，心理、观念、感觉呈现老态。当我们懂得时刻学习新知识，更新观念，把握时尚，懂得保持一颗年轻的心，就不会担心岁月的残酷压力。

而且，在现代社会，才女的标准也不是非要才高八斗不可，而是她要有自己的思想、见解、才华。要成为一个这样的才女，女人得喜欢学习和读书，还得学习做人，更得善于用知识丰富自己。

在很多人的心里，才女和美女是相对立的，有才的女孩一般都不美，而美女一般都不太聪明。但其实，如今，美丽且有智慧的女人是越来越多了，而男人也似乎并不像很多人想象的那样，只重美色，而忽略头脑。在我们的身边，美女兼才女的女人层出不穷，当越来越多的女人成为既风情万种又聪颖机智的美女加才女时，那些关于男人该选美女还是才女的无聊讨论就将不复存在了。

美女和才女，其实本就不该对立，而应该相互变通和融合。只有美貌而大脑却一片空白的所谓美女和只有学问却不懂穿衣打扮缺少女人味的所谓才女，都是作为女人的遗憾。美貌加智慧才是女人的正途，才比较完善。

女人要把自己当奢侈品

每个女人都渴望如奢侈品般被珍惜，可你是否知道，只有自己先把自己当做奢侈品，他才会如奢侈品般对待你。不要再为是他的生活必需品而自豪，不要以为离开了你他就活不了。必需品的特点的确是居家旅行必备，但是还有一个特点就是满大街都是，不需要他众里寻你千百度。你只有成为他的奢侈品，他才会如爱惜宝马一样珍惜你。

女人要使自己成为奢侈品，就要让自己有个性，人人都有的东西不会成为奢侈品。正是我们的个性令我们可以吸引别人的注意力，我们的不完美是人性的一面，也是我们令人感到可爱的原因之一，一旦失去了个性，你也就离隐形女人不远了。随着交往的深入，相互了解越来越多，彼此也就少了很多神秘感，只有拥有自己的个性，才会让对方感觉到你就是唯一。

高尔基说，没有个性的女人就像没有弦的琴，没有盐的面包。女人没有个性，就如同浅薄的池塘容纳不了男人探索的心；女人失去了个性，也就失去了造物主赋予女人的灵魂；没有个性的女人，永远隐藏在芸芸众生之中，寂寞地待在同类之中，永远不会被单独陈列。

女人要成为奢侈品，还要有品位。有人说，男人的终极品位是女人。作家黄明坚有一段话："女人是一种指标，如果女人都散发出品位，社会自然成为泱泱大国。"

无论女人的装扮，还是吃饭过日子，有形的、看得见的东西我们都不缺，缺的是一种完全看不见的——品位。

有品位的女人必定是精致的。精致的女人是男人眼里的一道美丽的风景。能够成为男人风景的女人是幸福的,更会保值增值,而这一切来源于女人精致的生活态度。

精致的女人就是一只潜力无穷的绩优股,她可以引领“大盘”一路飙升,而最大的投资者与受益人恰恰也就是那些优秀男人。这对于精致的女人而言,也是一种奖赏。

女人的精致不关外貌的美丑,不关贫富贵贱,也不关风花雪月。女人的精致要从内而外。精致,未必和斐然的价格划等号。精致,是一种极致的学问,是随着岁月年华老去,依然刻骨铭心的“格”与“调”。

你是不是你男人的终极品位,就看你是不是一个精致的女人。美丽的女人悦目,精致的女人悦心。悦目的东西到处都是,悦心的东西却需要众里寻它千百度。

把自己当做贵族看,你也会成为贵族

兰心是一家杂志社的记者,虽然工作非常自由,却从不散漫懈怠,对待比自己年轻的晚辈,也从来都是以礼相待。虽然她算不上美女,但人们越看越觉得她漂亮。她从来没有向别人炫耀过自己的外貌,但没有一个人不说她是个大美女。她从来没有说过自己是一个美丽且能力出众的人,但是她深切地相信自己就是这样的人,以至于周围的人也对她秉持肯定的态度。虽然她三十多岁仍然未婚,但她并不在意公司同事的非议,最终嫁给了一个条件相当好的男人。而且,事业和家庭都发展得不错,生活得十分幸福。

她积极的生活态度,时刻都在证明她是一个十足的贵族。因此,人们对她的态度自然不敢过于随便、敷衍。其实,兰心并不是出生于富裕家庭。相反,她是在穷困的单亲家庭中长大的,从小与母亲及兄弟姊妹相依为命。兰心虽然出身贫穷,但她选择了做后天贵族，从而真正创造了贵族生活。

兰心最终所获得的一切并没有超过她应得的，她只不过是长期把自己当做贵族般努力生活着，最终得到了做真正贵族的机会而已。

女人高贵，并不一定非要有钱，也不一定非要有一个对自己百依百顺的王子。如果你渴望某一种生活，就朝着那个方向去努力，不要认为只有好命的女人才能得到幸福的生活，只要你努力去做，相信你也一定能够得到。

赏析

无中生有，这个“无”，指的是“假”和“虚”。这个“有”，指的是“真”与“实”。无中生有，就是真真假假，虚虚实实，真中有假，假中有真。此计的关键在于真假的变化，虚实的结合。一直做假，易被人发觉，难以制敌。因此，要先假后真，先虚后实，无中必须生有，虚中还要有实。抓住对方被迷惑的有利时机，攻击敌方，出奇制胜。

无中生有之计，“无”是迷惑对手的假象，“有”则是假象掩盖下的真实企图，此计在激烈的市场竞争中常常被采用，让对手以假为真，出其不意地实现自己赚钱的真正目的。而对于恋爱中的女人来说，柔柔弱弱，小鸟依人，固然可以满足男人保护你的欲望，让男人体味一种高大坚强的成就感。但是，在柔弱的外表之下，你也一定要让男人看到你坚强的内心和良好的内在素养。因为，男人也不是坚不可摧的大山，你过分的柔弱可能会成为男人的负担。女人要内外兼修，把自己修炼成奢侈品，让男人舍得花大价钱来得到你。

第5计

连环计：成功人生从第一桶金开始

兵法原文

将多兵众，不可以敌，使其自累，以杀其势。在师中去，如天宠也。

原文今译

敌人将广兵多，不能同他们硬拼，最佳方法是让他们内部相互牵制，以削弱他们的实力。军中将帅若用兵得法，就会像有天神护佑一样，轻而易举地打败敌人。

女人，从大学毕业走上社会，就真正开始扮演自己作为一个社会人的角色了。而要演好这个角色，就要对自己未来的人生做一个规划，对自己的人生历程有一个系列的计划，有一个环环相扣、步步相连的步骤，这也就是人生的连环计。而这一连环计的第一环，就要从成功挖掘自己人生的第一桶金开始。人生的第一桶金，未必是具体的财富，也可以是你渴望的任何梦想。人总是因为梦想而伟大，因为理想而实际，无论你的目标是什么，只要下决心努力，任何时候都不算晚。

女人一定要有梦想

梦想是人生的起始，也是人生的希望。一个小女孩，从懂事开始就拥有自己的梦想。大学毕业的时候,每个女孩都会怀揣着自己的梦想走入社会,并开始为了实现自己的梦想而努力奋斗着。

今天,作为世界时装之都的巴黎,以其斑斓多彩的时装驰名全球,领导着世界时装的新潮流。然而,在20世纪初期,巴黎服装界却是一番死气沉沉的景象。如今的生气勃勃完全是因为一位名叫卡布里埃·夏奈尔的女性的一个伟大的梦想促成的,她硬是在当时迂腐的服装界里闯出一片崭新的天地。

1883年8月19日,卡布里埃·夏奈尔出生在法国西南部的小镇索米尔。夏奈尔不愿长期住在偏僻狭小的小镇上,她迫切想出去见见大世面。于是,在20世纪初,未婚夫巴尔桑把夏奈尔带到了世界大都市巴黎。

到了巴黎,夏奈尔为眼前光怪陆离的一切感到眼花缭乱,激动不已。凭着女性特有的爱美的天性,在这五光十色、拥挤繁华的大都市中,她发现了一片亟待开垦的处女地,那就是巴黎妇女们毫无时代感的着装穿戴。她经常流连街头,细心地观察研究过往行人的衣着。发现她们的穿着保守,没有时代精神。于是她内心生发出一个梦想,让美丽的时装装扮这个都市,自己决心当一名勇敢的拓荒者。然而,男友巴尔桑对她的雄心壮志既不支持更不理解,两人为此经常发生争吵。最后,这对恋人不得不分道扬镳。

在人地生疏的巴黎,一个弱女子,要开拓一番事业的确不容易。在这关键时刻,卡佩尔向她伸出了援助之手——这个生性随和、不拘小节、家境富裕的异邦人,非常支持夏奈尔开拓服装业。

之后,凭着一股梦想激发的力量,夏奈尔开始小试牛刀,并旗开得胜。这使她的信心大增,大胆地自行设计,自行缝纫,投入到服装改革之中。

从1919年起,"夏奈尔服装店"的规模一年比一年扩大。她在康蓬大街接连买下5幢房子，建成了巴黎城最有名的时装店。

1922年，夏奈尔引进并按她所谓的幸运数字命名的“夏奈尔5号香水”，又一次大获成功。

1924年，夏奈尔创建了夏奈尔香水公司。畅销全球的香水为夏奈尔的事业提供了雄厚的财政基础，使她成为当时世界上声名赫赫的富婆。她从一个只有6名店员的小老板，变成了一位拥有4家服装公司、几家香水厂以及一家女装珠宝饰物店的大企业主了。

1953年，71岁的夏奈尔向舆论界宣布：她要举办个人时装设计作品展，并将夏奈尔服装推向美国及全世界。

卡布里埃·夏奈尔在世界时装业中独占鳌头达60年之久，而她自己也成了长盛不衰的时装女皇。

成功者之所以会成功，是因为他对成功有强烈的愿望，一般的人之所以不能成功，是因为他们仅仅有兴趣成功而已，而不是要求自己一定要成功。人有强烈的企图心，是为了更好更快地实现心中的梦想。

为自己做个职业规划

大学毕业，就该找个合适的工作去奋斗了。在找工作以前，应先对自己有一个深入的了解，为自己做一个职业规划。

你选择的行业和对自己角色的定位是你事业的起点和方向。方向对了，才有发展前景；方向不对，就像在走一条死胡同，速度越快，碰壁越惨。找准自己的定位是一切成功的基础。

职业和理想总是不可避免地发生碰撞。什么是适合自己的工作呢？我们如何才能找到自己的职业定位？兴趣能成为工作吗？理想怎样才能成真呢？

一个人的职业生涯是一个漫长的过程，科学地将其划分为不同的阶段，明确每个阶段的特征和任务，做好规划，对更好地从事适合自己的职业，实现确立的人生目标，非常重要。

从学校走上工作岗位，是人生事业发展的起点。如何起步，直接关系到今后的成败。这一阶段的主要任务之一，就是选择职业。在充分做好自我分析和内外环境分析的基础上，选择适合自己的职业，设定人生目标，制订人生计划。

定好人生目标和规划以后，接下来要做的就是要树立起自己良好的形象。年轻人步入职场，表现如何，对未来的发展影响极大。

还有一个重要任务，就是要坚持学习。根据日本科学家研究发现，人一生工作所需的知识，90%是工作后学习的。这个数据足以说明参加工作后学习的重要性。

选择适合自己的职业应当考虑到自己的兴趣，但不要过于迁就自己的偏好，人毕竟要在社会上生存，必要的妥协是明智的做法。

在决定职业前，作充分的准备，知道哪些行业更有发展前景，从中选择自己喜欢的、做得最好的企业而投身于内，你就会比那些没有计划、误打误撞的人更有优势。

女人也怕入错行

中国有句古话："男怕入错行，女怕嫁错郎。"但是，在现代社会，男女平等，结束了学业后，无论男女均会步入人生的另一个阶段——工作，如果工作没选对，女人也会疾呼："我也怕入错行啊！"一旦入错行，继续做下去是痛，转行更会痛。

那么，什么样的工作才是"好"工作呢？三百六十行，行行出状元，每一种工作都可以称得上是好工作。其实，我们说的更简单更实际一点儿，那就是适合自己的工作才是好工作。

对于女人的职业生涯来讲，有策略的职场一族，总会将眼光瞄准持续高薪的行业，并会挑选这些行业中的好企业。如果你不知道选择什么样的职业，那只是因为你不知道自己想要什么，或者你想要成功却不知道该如何成功，不知如何找到属于自己的位置。

从事保险工作的陈敏已经跨出校门3年了，学的工商管理专业在这几年的工作中并没有用上。当初报考这个专业是因为好找工作而且也感兴趣。但职场变化快，4年后毕业，投了无数简历却石沉大海，只能改行推销起了保险。对于性格内向的陈敏来说，这一行做起来尤其辛苦，虽然3年下来也有了些起色，但终非自己所爱。

很多人都会像陈敏一样进入“职业迷茫期”：大学毕业时不知道什么样的工作才适合自己；工作几年后，发现目前的工作并非自己所爱。现实让很多人在不断的隐忍和妥协中离理想越来越远，甚至一生都在做着自己不喜欢的职业。

王婧毕业于北京师范大学，是硕士生，在大学里也是高材生。可是一上讲台，她就觉得浑身不对劲，45分钟的课时，她讲到15分钟时就把要讲的都讲完了，下面的时间不知该讲些什么，只得宣布下课了事。后来，她一度到机关工作，却是如鱼得水。比较之下，她才觉得自己更适合于在行政工作方面发展。

事实上，王婧在讲台上的糟糕表现并不是她的能力有问题，而是由于她的性格、气质等方面的原因，而她在机关中工作，才是找到了适合自己的职业。

认识到自己的能力是明智之举，但要找属于自己的职业，还要靠兴趣。只有把自己的兴趣和工作结合在一起，才能使你走上成功的职业生涯。

保持经济独立

女人要保持独立,首先要保持经济上的独立。有人说过:女人需要自己的一间屋。如今的这句话,已经被单身女子奉为圣经。一间物质的房子,在心理层面等同于自尊、独立、安全感;在现实层面,则等同于投资意向、经济收益。现代社会,在寸土寸金的大城市,房子似乎成了女人生活中最坚挺的本钱。

秦小梅是外地留京的大学生,在离单位不远的四环附近买了一套90多平方米的房子,装修的时候完全率性而为,纯粹的单身风格。因为房子并不是为结婚而买。至于买房子的初衷,用秦小梅自己的话来说就是:买房子就是一次购物行为,跟天冷了需要添置羽绒服一样,只不过房子看起来更实在些。她说现在更喜欢把收入变成实在的东西。房子毕竟是不动资产,不升值也至少保值。再说有了房子,自己在这城市才算有了根。在秦小梅身上,我们可以综合地看到一个商品社会里的独立女孩在城市里与房子所能发生的若干种关系。

对于女人而言,买房子都是单纯为了满足自己的需要,经济独立使女性不再依赖任何人,买房与婚姻无关,与男人的责任无关。对女人来说,一定要有自己的存款。有一部分资金,是成功的基本条件之一。保持自己的经济独立,也是女人维护自己尊严的前提。

经济独立,就是摆脱金钱的奴役,让自己成为金钱的主人。经济独立,就是摆脱债务危机感,不要让自己被债务拖住了脚步。经济独立,需要建立自己的"小金库",成为自己的后方支柱,以备不测。经济独立,女人才会有人格的独立,才能让自己不被他人所轻视、忽略。

要做自己的公主

女人要做自己的公主,不要一味等待王子来拯救,不要把自己当成老公或男友身上的一个附属物,完全失去了自我,而是要自己安排好自己的生活,因为你就是生活的主人。

无论对方是否重视你的生活,女人都不应该活在对方的生活底下,过一种完全属于自己的生活,让彼此也有些空间喘息。

我们常常看到这样一些幸福的女人:老公老实会赚钱,孩子聪明又出色,公婆也相当体贴。受过高等教育的她们,把自己想要的幸福经营得很出色,但在孩子逐渐成长的过程中,她们发现自己不由自主地变成一个幸福而不快乐的母亲,控制不了自己的脾气,好像缺少了什么。问自己为什么不快乐,又找不出具体理由来。

其实,女人缺少的,正是别人给不了的东西,也就是所谓的"自我实现"的问题。你的自我潜力尚待开发,就好像是地底下的岩浆,滚烫滚烫,正在寻找出口涌出来,你怎么会不焦躁不安。

幸福和实现自我,并非二选一的问题,也许我们无法兼顾,但我们至少可以不让二者的跷跷板悬殊过度,否则,你终会陷入别人认为"我应该快乐,但我是如此不开心"的困境。你会把自己未完成的愿望不自觉地放在孩子身上,他们动辄得咎,却不知道自己为什么不讨你喜欢。

女人要做你自己,这样你会变得更加成熟,成熟是承担起做自己的责任,甘冒一切风险,去做你自己,成为自己的公主。

赏析

连环计,是一种步步相接,环环相扣的计谋。用于军事上是指,如果敌方力量强大,就不要硬拼,要用计使其自相钳制,从而导致其不好自由行动,借以削弱敌方的战斗力。

现代女性，无论是在事业上还是爱情生活中，时时都会遇到强大的竞争对手，在面对强敌的时候，女人不仅要完善自我，还要做好各种规划。社会交往也好，商务谈判也好，恋爱交友也好，都应该做到到知己知彼，客观地为自己的人生做规划，客观地衡量某些人、某些事，找出问题的症结所在，而后有针对性地去解决。万不可意气用事，单凭激情去处理事情。另外，无论人际交往，还是职业规划，女人都应该尽量让自己做的事情有联系，能够让一方促进另一方，或者相互促进，这也是一种"连环计"，前一步总是能够为下一步的实现提供方便，就像文中的内容一样，梦想可以指导择业，职业规划也可以成就梦想，工作是女人经济独立的前提，而经济独立又是女人爱自己的基础之一……也就是说，任何一方面的实现都会带动或促进另一方面的实现，这种环环相扣不仅有利于事情的迅速顺利完成，还能避免个人精力因重复消耗而造成的浪费。所以，女人无论做什么，都要争取使自己做的样样有用，即使目前看起来没有用，也一定是为以后做铺垫的。这才是步步为"赢"的前提，才是成功人生的开始。

第6计

上屋抽梯：别让贪欲害了你

兵法原文

假之以便，唆之使前，断其援应，陷之死地。遇毒，位不当也。

原文今译

故意（露出破绽）以使敌方认为方便（进攻我方），诱敌深入，然后将其后援和接应截断，从而使其陷入绝境。敌方一旦中毒，便会失去原有的地盘。

在物质文明高度发达的社会，摆在每个人面前的诱惑实在太多，而且，有时候，一些利益仿佛“得来全不费工夫”。这就需要保持清醒的头脑，在太过容易得来的诱惑面前，要学会放手。世上没有免费的午餐，不要总想着天上掉馅饼的事儿。也许，你对自己欲望的过分贪婪，会成为别人诱你上钩的诱饵，到时候，也许天上掉下来的不是馅饼而是铁饼，会把你砸得头破血流。因此，聪明的女人要学会保护自己，要避免让自己爬上诱惑之梯。至于如何避免他人设下的“上屋抽梯”的计策，学会洞察他人是一方面，但最关键的还是杜绝自身的贪念。

放弃大千世界的诱惑

人之为利，本是一件非常正常的事情，但是过分地追求名利，就不正常了。晋代陆机《猛虎行》有云："渴不饮盗泉水，热不息恶木荫。"讲的就是在诱惑面前的一种放弃、一种清醒。

在亚洲，有一种捉猴子的陷阱，猎人把椰子挖空，然后用绳子绑起来，接在树上或固定在地上，椰子上留了一个小洞，洞里放了一些食物，洞口大小恰好只能让猴子空着手伸进去，而无法握着拳缩回来，于是猴子闻香而来，将它的手伸进去抓食物，理所当然地，紧握的拳头便缩不出洞口，当猎人来时，猴子惊慌失措，更是逃不掉。

猴子要想逃走，其实很简单，它只需要将手放开就能缩回来。但是，贪图美食的欲望却使它们不舍得松开到手的美食，从而成为猎人手中的猎物。

你可能会认为猴子很可笑，却没有想到，现实生活中的人们，有时并不比猴子聪明，很多时候，很多人，就因为放不下心中的贪念，而最终断送了自己的前程，甚至生命。

因此，在现实生活中，人们也需要有一种放弃的清醒。在物质文明高度发达的今天，摆在每个人面前的诱惑实在太多，特别是对有权者来说，可谓"得来全不费工夫"。如果抓住想要的东西不放，而贪得无厌，就会带来无尽的压力，痛苦不安，甚至毁灭自己。大千世界，万种诱惑，什么都想要，会累死你，"无欲则刚"，该放就放，是人生最宝贵的经验。

张晓寒前些年去海南创业，后来搞房地产发了大财，1996年来到北京，想在此创设一家占地约3000平方米的商店，正当她选好地址，付了订金准备大干一场时，亚洲金融危机开始了，面对这种情形她果断决定，此项目立刻下马，虽然损失了几十万元，但却避免了更大的损失。

事实证明，她的决定是对的，此后的几年里，就有好几家新开业的大商场倒闭了。

该放手时就放手，不可陷得太深，留得青山在，不怕没柴烧。

事实上，放手可以减轻许多麻烦和损失，可以轻松地开始另一项更有意义的事业。

每个人都有不同的想法，或许有人对于“适时放弃，价值连城”这句话会产生排斥感，但就一个个性单纯且急躁的人而言，则是一句金玉良言。环顾我们周围拥有大成就的人，处事都是小心谨慎，皆能在紧要关头，适时放手，从而不让自己处于被动地位。

别做贪心的北极熊

北极熊是名副其实的北极统治者，在一望无际的冰天雪地里，它几乎没有什么对手和天敌，但是聪明的爱斯基摩人，却能不费吹灰之力捕获到它。北极熊有一个最大的特性：嗜血如命，爱斯基摩人正是利用了它的这个特别嗜好捕到它的。

北极熊特别喜欢吃海豹，于是爱斯基摩人就杀一只海豹，把它的血倒进一个水桶里，将一把两刃的匕首插在血液中间，然后拿到户外进行冰冻，这样一个超大型的海豹血冰棒就做成了，然后他们把带有匕首的冰棒丢在雪原上就可以了。

北极熊的鼻子异常灵敏，能嗅到好几公里以外的血腥味。它闻到爱斯基摩人丢在雪地上的海豹血冰棒，就迅速赶来舔食，由于冰棒冰凉无比，所以舔着舔着，舌头渐渐麻木了，但是它不愿意放弃这样的美食。

渐渐地，血的味道变了，是新鲜的血液，而且带着温度。原来，它已经舔到海豹血冰棒的中央部分，埋在中央的匕首划破了它的舌头。由于新鲜血腥味的刺激，北极熊越舔越起劲，但它并不知道这是它自己的血。它的舌头早已被冰麻木了，没有感到疼痛，可是它的鼻子还很敏感，知道这是新鲜的血液，于是不停地舔下去，这样舌头伤得越来越重，血流得越来越多，其结果可想而

知，北极熊失血过多，休克晕厥过去，爱斯基摩人就这样，几乎毫不费力地捕获了北极熊。

在我们的生命中，在追求幸福的过程中，我们也很可能是一只北极熊。对于自己特别的嗜好，把握不好分寸，最终伤到了自己的致命之处。

在就业压力越来越大的形势下，“干得好不如嫁得好”的观点也很被一部分女大学生接受，“嫁个好老公，少奋斗20年”、“嫁个有钱人”等口号，已成为一些女大学生的共识。据某报道称，临近毕业，当大部分高校毕业生拿着个人简历奔走于大小招聘会时，也有一些女大学生悄悄地走进了婚介所，希望通过婚介所找到一位“成功人士”定下终身大事。而一些婚介所或是个人，也顺势投其所好，将征婚广告贴进了很多高校海报栏。但是，征婚启事的背后，又有着怎样的目的和陷阱呢？自己会不会也被当做北极熊一样，最终成为猎人手中的猎物呢？

世上没有免费的午餐，要想嫁个有钱的成功人士是要付出代价的。如果你感觉自己没有那份资质，最好不要想着天上掉馅饼的事儿，你要小心，自己对物质生活的过分贪婪，会成为别人的诱饵。

现代社会，无论是情场，还是职场，女人都可能遭遇一些男人或上司带有目的性的追求，但是，很多时候，这些人一旦达到了目的便可能马上走人，只剩下女人独自承受一切伤害，他们会利用你的某项弱点、某个优势来达到他自己的目的，而当你不再有利用价值时，便会落井下石。这时，女人要学会保护自己，洞察他人，别让自己成了别人手中的猎物和工具。

懂得见好就收

俄国作家托尔斯泰写过一个短篇故事：

有一个勤劳的农夫，为了养家糊口在自己的一小片田地里过着“日出而作，日落而息”的生活，但是，尽管这样，维持一家人的生活还是十分艰难，他有时感到力不从心。

有一天他在地里干活，有一位老神仙看他十分可怜，就对他说：“只要你不怕吃苦，你就不断向前跑吧，只要是你跑过的地方就都属于你了。”这位农夫一想到家中吃不饱穿不暖的妻儿，就下定决心，一定要拼命地跑，能跑多远就跑多远。于是他不停地跑，心中只想着一定要让妻儿过上好日子，可是却不曾想到底多大的田地就能使一家老小吃饱穿暖。拼命地跑当然是非常消耗体力的，时间久了，农夫体力渐渐不支，然而由于想得到更多田地，他依然上气不接下气地坚持跑啊跑……可是，很遗憾，这个农夫的美好构想未能实现，不是老神仙不兑现诺言，而是他最终因体力不支，倒在地上死了。

故事就这样结束了，可以想象，也许这个农夫的妻儿真的得到了他所跑过的田地，然而失去了一个劳动力的家庭，孤儿寡母怎么来耕作呢？只要人活着就有希望，否则，就什么都没有了。其实，有了神仙给的这个机会，倘若当时这个农夫考虑一下需要多少田地就可以使自己的家庭富足了，然后再去跑着圈地，够了就停下来，农夫一家原本应该是非常幸运的。

生活中很多人总在拼命追逐着一些东西，他们所有的精力都用于索取，却不知道，很多时候，自己会被自己的贪心所害。

经济学中凡事都讲究一个度，凡事适可而止，过犹不及。很多人容易在“度”的把握上失误，不懂得见好就收的道理，殊不知适当把握“度”，对你做好一件事常常会起到事半功倍的作用。

不被过奢的欲望所累

一对很要好的朋友在树林里散步，突然有个乞丐慌忙地从丛林中跑出来，他们便问道：“什么事让你这么惊慌失措？”

乞丐说:“太可怕了,我在树林里挖到了一堆金子!”

两个人心里禁不住想:“这个人真是傻瓜!挖到黄金,这么好的事情居然觉得害怕!”于是他们问道:“你在哪里挖到的?能告诉我们吗?”

乞丐问:“这么厉害的东西,你们不怕吗?它会吃人的!”

那两个人不以为然地说:“我们不怕,请你告诉我们在哪儿吧!”

乞丐说:“就在森林最东边的那棵树下面。”

两个朋友立刻找到那个地方,果然发现了很多金子。

一个人对另一个人说:“这个乞丐真是愚蠢,有这些金子他根本用不着再讨饭了,而且人人渴望的金子在他眼里竟成了吃人的东西!真是个傻瓜,难怪要一辈子讨饭。”

另一个人也随声附和地点头称是。

他们于是讨论怎么处置这些金子,其中一人说:“白天拿回去不太安全,还是晚上再拿回去吧。我在这儿看着,你回去拿些饭菜,我们等到天黑再把金子拿回去吧。”

另外一个人就照他说的去做了。留下的那个想:“如果这些金子都归我一个人多好呀。等他回来,我就用棍子打死他,这些金子就都属于我了。”他开心地笑了。

回去拿饭的那个也在想,独占这些金子该多好呀,于是就在饭菜里下了毒,要毒死他这位朋友。

刚回到树下,那个朋友就用木棍将他打死,然后说道:“亲爱的朋友,我本不想杀你的,是这堆金子逼迫我这样做的。”

之后,他拿起朋友送来的饭菜,狼吞虎咽地吃起来了。没过多久,他就觉得肚子里如火烧一样,他知道自己中毒了,临死前他无限感叹地说:“乞丐说的话真是一点都不错呀!”

为了金钱杀害自己最亲密的朋友,人为财死,鸟为食亡,这是多么悲哀的一幕!因为贪念而放不下,这是非常危险的,它伤害的不仅是自己，而且还有别人，甚至可能是我们至亲至爱的人。

当我们过分迷恋于金钱时，金钱就会使人性变得畸形，它就像一个理智的杀手一样，把人引诱到一个可怕的竞争中，并残忍地斩断亲情、友情和爱情。

生活中大多时候我们总是不满足，我们的心一直都在流浪旅行，我们从来没有走在回家的路上——我们永远不满足。

其实我们原本可以不需要很多的，那都是我们的欲望而不是必需。平静而快乐地活着，生命才轻松而有意义。

如果你的欲望无尽，你就会不断地想办法去满足自己的欲望，为此，你会付出更多的时间和精力，但与此同时，你又会失去更多美好的东西。

因此，女人应活得轻松一些，凡事豁达一点，洒脱一点，不必把一点点小惠小利看得过重。

赏析

“上屋抽梯”是一种诱逼计。做法是：首先，制造某种使敌方认为有机可乘的局面（置梯与示梯）；其次，引诱敌方做某事或进入某种境地（上屋）；再次，截断敌方退路，使其陷于绝境（抽梯）；最后，逼迫敌方按我方的意志行动，或予敌方以致命的打击。目的是通过给对手以便利，故露破绽，引诱利用，从而使对手陷入我方预设的圈套。对合作伙伴，可提供方便，诱其向前，不断断其援助；对竞争对手，根据其对自己的利弊关系的程度分别对待，以达到发展自己的目的。

此计用于军事上，是指利用小利引诱敌人，然后断其援兵，以便将敌围歼。这种诱敌之计，自有其高明之处。然而，敌人并不是那么容易就上当的，所以，你应该先安放好“梯子”，即故意给以方便。安放梯子，有很大学问，对性贪之敌，则以利诱之；对情骄之敌，则以示我方之弱以惑之；对莽撞无谋之敌，则设下埋伏以使其中计。等敌人“上屋”后，即可拆掉“梯子”，围歼敌人。

贪念是人性的弱点，当你看到巨额的财富，当你看到一呼百应的地位，当你看到高贵的珠宝，当你看到别人甜蜜的爱情、幸福的家庭，当你看到……你的艳羡是否难以掩饰呢？如果要去追求，就一定要理智分析别人是如何拥有的，千万不能被贪欲迷了心，不假思索或不择手段去争取，那样，结果很可能是，当你借着诱惑的梯子爬上自以为满是自己想要的东西的屋顶时，你得到的或许仅仅是屋顶的东西同梯子一样已被抽走，而你，再想下来，恐怕只有冒着被摔伤的危险往下跳了。生活中，有太多这样的"梯子"等着你去攀爬，有些别有用心的人还会为了某种目的而特意为你架设这样一把梯子，倘若禁不住诱惑，就很可能会落个"屋空、梯无、人伤"的下场。所谓"贪小便宜吃大亏"，贪欲之心不可有，一个聪明的女人，会把握好"取"与"舍"，会看明白"得"与"失"，而不会成为贪欲的牺牲品。

第7计

调虎离山：别让压力挤走你的幸福

兵法原文

待天以困之，用人以诱之，往蹇来反。

原文今译

等天时对敌方不利时去困扰敌方，用人为的假象去引诱敌方。倘若敌方占据坚固或艰险难攻的地势，我们就返回而不再继续攻打。

幸福是生来就存在于我们的内心的，然而，在一天天地为生计奔波中，在一日日地为前途耗神时，内心的那份幸福却渐行渐远，直到有一天，当我们得以从繁忙的事务抽出身后，才猛然发现，我们的内心充斥的全是担心：客户还没有安顿好，上司又给了新任务，房贷还没有还清，孩子需要抚养，老人需要赡养……这些问题将我们压得难以喘息。不见了曾经的愉悦和轻松，不知幸福为何物了。之所以如此，是因为我们中了“调虎离山”之计。压力在我们忙于其他事情而忽略幸福的时候乘虚而入，上演了一出“鹊巢鸠占”的重头戏。

你有理由不快乐

工作上遇到了麻烦，暂时的不快乐，是人生中常有的事。职业女性面临工作和家庭的双重压力，使得她们的不快乐总是要比男性多得多。但出于好强争胜的欲望，她们又刻意压制甚至扼杀自己不快乐的权利。这又何必呢？情绪的潮起潮落，时高时低，都是很自然的事。容许自己不快乐，是释放压力、放松心情的较好方式之一。

如果你尽了一切努力，结果仍不如人意，你就有不快乐的权利。也许努力的过程中，方法不对，技巧不得当，没关系，痛哭一场后，就可以重新开始！

不快乐自有不快乐的原因，甚至有时候你会发现，并没有什么特别的原因导致自己不快乐，只是累了疲了倦了。但是，都没有关系，发现自己不快乐，允许自己不快乐，不必一定硬撑着自己的面子，让自己放松一下，调整情绪，放松心情，平和心态，然后，让自己重新出发，找回自己的快乐。

发现自己不快乐时候，不妨休息一下，容许自己愣愣神、发发呆，少做一点事情，等情绪调整过来，重新出发。如果由于工作需要，必须暂时隐藏不快乐的情绪，也不要撑得太久。你可以在私下里告诉你最亲密的女友，或者你的亲密爱人，此刻的你并不快乐，请他们帮助你分担一下，给自己一个喘息的时间。

你有不快乐的权利，也有让自己重新快乐起来的义务。当你不快乐时，就没必要逼自己表现出很快乐的样子，那并不能真正缓解你的压力。接受自己不快乐的事实，才能真正使自己放松。

坦然接受压力

也许你也和许多生活在大都市里的职业女性一样，当每天的化妆成为功课而不得不做时，就羡慕起了素面朝天；当在拥挤的车流和空调房里憋得心烦时，会畅想渔歌互答、男耕女织。但是，身为职业女性的你不可能真正彻底地离开城市去自由自在。

既然压力无法完全回避，你不必再浪费精力去阻止它进入你的工作、生活中，你应该开始学习积极地接受压力，并将其转化为动力，以此促进工作的完成，放松自己的身心。

刘妤是一家大电视台的记者，她口齿清晰，形象极佳，思维敏捷。除了白天出去采访，她还主持晚上8点的一个黄金档的节目。但是，她的上司不喜欢她。有一次，上司找出各种理由不许她播黄金档的节目，而是改播晚11点的新闻——这等于把她打入冷宫。刘妤坦然接受，没做丝毫辩白。相反，她还感谢她的上司，解释说她早就盼望5点下班后去充电，却一直不敢说。

刘妤此后果真每天下班后就去参加培训班，并在晚10点多赶回电视台，而且并不因晚间新闻不重要而有丝毫松懈。

很快，晚间新闻的收视率提高了，观众好评如潮。这件事也很快就惊动了高层领导，于是，没过多久，刘妤就被重新调回黄金时段，并取代她的上司成为新的主管。

心理学家指出，人必须有适量的刺激，才能更好地生活。刺激过度或不足，人就无法适应。中等的压力不仅最有利于机体，而且最有利于心理上的平衡，因而是质量最高的生活。管理专家认为："压力是生活的调剂品。"如果没有压力，就会导致死亡，生活的意义在于面对环境带来的刺激，人因此能体会快乐或成就感。

当压力袭来时，不要有太多的抱怨。并不是所有的压力都是令人不快的，就像你的那颗智齿，虽然不招人喜欢，却是身体上的一部分，甚至可以成为你的独特魅力，只是，你要小心不要让它发作的疼痛搅乱了你的生活就可以了。

世界不会因你停止转动

王寒是一家颇具规模的广告公司的人事总监。她工作认真，

事业心强，在别人眼里，已经很出色了。她还有很好的教育背景——北京大学的MBA，一年四五次的国外出差机会，在公司里上下逢源，深谙外企管理之道，和上司、同事的关系都处得很好。可是，她的业绩得来的也很不容易，是用“别人休息我加班”换来的。忙的时候，一连几个月她都睡不安稳，吃不好饭，已经有两年的时间没有去书店买自己喜欢看的书了，整整有一年的时间没有和男朋友出去玩了，男朋友对此也是颇有怨言……

她也感觉很累，但是一想到公司这么多事情，她就停不下来。终于有一天，她累倒在办公室里面，公司领导特许她休假一个月。住院归来，她发现公司运行得很好，并没有因为她不在公司就有所损失。后来，王寒想明白了，公司并不会因为她而停止运转。如果自己再那么玩命地工作，那是对自己的不负责任。

不要天真地以为等你赚够了钱，再来放慢脚步享受生活，时间不等人，你孩子般无邪的笑脸，你还算苗条的身材，还有你健康的身体都会成为过去，到那个时候，你除了抱着赚来的钱又能做什么呢？因此，无论你有多强的能力，有一点是需要明白的，地球不会因你而停止转动。给自己的心灵放个假，给自己一个休息的时间，停下来，好好欣赏一下周边的风景，你会发现，生活中，除了工作之外，还有太多美好的东西。

有一句很经典的话：爬山的时候，别忘了欣赏周围的风景。工作和生活也是如此，相信每一位女性努力工作的目的都是为了更好地生活。但是，美好的生活不单单是名、利、房、车，除了物质的富有，还要有健康的身体、幸福和谐的家庭等。不要把自己卖给工作，你是一个女人，一个普通的女人，一个需要完整生活的女人，除了工作以外，你还需要更多丰富多彩的生活。

不必预支明天的烦恼

“从前有座山，山上有座庙，庙里有个小和尚……”接下来，故事就跟你听过的不一样了：庙里的小和尚每天早上负责清扫院子里的落叶。

秋冬之际，在冷飕飕的清晨起床扫落叶实在是一件苦差事，每一次起风时，树叶总随风飞舞落下。每天早上都需要花费许多时间才能清扫完树叶，这让小和尚头痛不已。他一直想，要找个好办法让自己轻松些。

有一天小和尚突然想，在扫地之前先用力把树摇一摇，把落叶统统摇下来，第二天不就可以不用辛苦地扫落叶了吗？

小和尚觉得这真是个好办法，于是隔天他起了个大早，使劲地猛摇每棵树，这样他以不就可以把今天跟明天的落叶一次扫干净了。一整天小和尚都非常开心。

第二天，小和尚到院子里一看，他不禁傻眼了。院子里如往日一样还是满地的落叶。

老和尚得知缘由后，意味深长地对小和尚说：“傻孩子，无论你今天怎么用力，明天的落叶还是会飘下来的，你不可能把明天的落叶扫尽。”

任何事物都有它自身的生存规律，任何事情也都要按照一定的程序发生发展，很多时候我们根本无法提前完成。烦恼也是一样，很多女人常常希望能提前把人生的烦恼都解决掉，让将来生活得更加自在和无忧无虑。实际上，如果明天真的有烦恼要来，你也是预支不了的，就如秋天的落叶。叶子落下来就去扫，等到落完了，也就没有了，不必你费尽心思去摇。不要预支明天的烦恼，明天如果有烦恼，你今天是无法解决的。过早地让自己活在对未来烦恼的担忧中，不但于事无补，还让自己活得很累。

不要预支明天的烦恼，明天如果有烦恼，你今天是无法解决的。每次只要活好一天，你的一生也就活好了。世上有很多事是无法提前解决的，惟有认真地活在当下，才是最真实的人生态度。

为自己减压

当今女性的人生价值观和个性心理发生了巨大变化，女性走向社会，大部分职业女性都把事业成功看作人生最大的幸福之一。而与这种幸福感的获得相伴而生的是女性意识的觉醒回归，大多数女人选择成为一名职业女性。而作为职业女性，既要做好事业，又要顾及家庭，自然需要承担和承受更多的压力，面对无可回避的压力，职业女性就要学会调整自己，学会为自己减压。

首先，要学会休息，必要的放松绝对重要。经过一上午的忙乱之后，小小的午休一下。躺在床上呼呼大睡的愿望可能有点奢侈，而且也没有必要，但是可以靠在椅背上，把脚稍稍垫高，在脸上盖一本杂志，既可挡光，又可告知同事：午休时间，请勿打扰。这样的休整只要一刻钟就可以保证有个精力充沛的下午。

适当进行锻炼也是一个重要的减压术。健康无疑是最重要的，健康的身体是生命中一切事情的前提，经常锻炼也会起到释放压力的作用。对于白领丽人，各种各样的训练班和健身房都是锻炼的好去处。如果条件达不到，那么，在周末的时候，抽出一点时间跟家人一起打打球，哪怕是晚餐后在附近公园散散步，既能锻炼身体，还能增进家人之间的感情。最简单的，在办公室坐久了，站起来走动一下，活动一下筋骨，对身体也是很有好处的。

在业余时间，闺中密友对于女人是不可或缺的，她们可以相互交流工作心得、家庭琐事以及生活中的种种困惑，很多的烦恼或担忧，说出来的时候往往就好了一大半。女人多半都有倾诉的欲望，某些时候丈夫可能会觉得做妻子的唠叨，但闺中密友肯定不会。当然,倾诉对象也可能是难得的"蓝颜知己",如果是"忘年交"就更难得了,可以从对方那里得到很多宝贵的经验。

另外,不要对自己的缺点过分苛责:做事粗心,不够专注,没能把握好升职的机会……缺点未必不可以转化成优点,总想自己这也不行、那也不行,当然会无端增添压力。任何一个人,都可能遭遇或多或少的挫折,经历或大或小的失败,如果你只允许自己成功,那无异于对自己下了一个非理性的命令,让自己对抗生活的自然法则。这么做的结果,只能平添你内心的无助与烦恼。无论你有多么渊博的学识,也无论你的事业多么成功,生活中你都是一个普通人,有着普通人的缺点和弱点。所以,不必太过苛求自己达到完美,不必给自己加上太多的压力。

赏析

调虎离山,原意是设法使老虎离开原来的山冈。比喻用计使对方离开原来的地方,以便乘机行事。虎,指敌方,山,指敌方占据的有利地势。敌人势力强大,又占据坚固阵地和天然屏障,如龙在潭虎在穴,硬攻自然是白费力气。此计用于军事上,是一种调动敌人的谋略。其核心是"调"。敌人既然已占据了有利地势,又做好了应战的准备,就不能去与之争地。应该巧妙地用小利去引诱敌人,将其诱离坚固的防地,引诱到对我方有利的战区,我方就可以变被动为主动,利用天时、地利和人为条件,击败敌方。

现代女性虽然不再研究兵法战术,但是,却可以把这一计谋充分应用到自己的工作和生活中。无论是对社会,还是对家庭,女人都承担起了越来越多的责任,这种责任会驱使女人去拼命工作,同时,强烈的责任心与超负荷的工作量,又使得压力占据了女人的心。从此,生活变得沉重而压抑,性格变得焦躁而不安。正是压力猛于虎!寻找轻松愉悦的唯一方法,就是把压力这只可恶的老虎赶出我们的内心,使我们的内心原本的幸福归位。女人们,赶快行动吧,幸福正期待着你将其迎回。

第8计

借尸还魂:借助外力达成目标

兵法原文

有用者,不可借;不能用者,求借。借不能用者而用之,匪我求童蒙,童蒙求我。

原文今译

对于那些朝气蓬勃、有作为的事物,不要利用;而对于那些腐朽落后、没有什么作为的事物,则要拿来加以利用。利用没有什么作为的事物,并非是他人支配我,而是我支配他人。

有句名言说:“无论做什么事,永远都不要靠一个人花100%的力量,而要靠100个人花每个人1%的力量来完成它。”在这个效率至上的时代,一个人闷头苦干已经不是良策了,毕竟个人的力量是有限的,即使是个人真的有完成某件事的能力,时间也是问题,如果凭个人的能力需要一周才能完成这件事情,那么想办法找来比自己能力更强的人帮忙,或者是找来更多的人帮忙,时间就会缩短,而在这个竞争的时代,时间也是竞争力。所以,自立固然重要,但自立并非不需要外界的力量。人生苦短,我们要做的事又那么多,不去利用外界的力量,怎能在有限的时间里完成呢?

学会利用周围的一切

女人也是渴望成功的,女人的成功包括爱情的成功和事业的成功。对女人而言,事业上的成功更是要付出比男人多得多的艰辛。但是,如果一个女人能够懂得利用自己周围的一切有利条件,就能更快捷地实现内心深处的愿望。

年轻的晓梦最大的梦想是开一家大型超市。当时,她的父亲是一家大型企业的决策者,有着很好的社会背景和人际关系。她还有几个亲戚在商业银行里担任着高层领导的职位,但是,这些有利条件都被年轻气盛的她忽略了。意气风发的晓梦,独自一个人跑到外地去打天下,尽管她十分精明,也足够勤奋努力,但是,直到她年近40才实现了这个愿望。回想往事,她终于明白了自己当时没有利用那些有利条件,是自己决策的重大失误。

在这个充满竞争的社会里,女人只有充分利用周围的一切,才能够为自己打开局面,走上成功的坦途。如果你不懂得利用周围的一切,可能最终与自己的梦想无缘。

一个聪明的女人知道,要想在这个世界上生存,单凭个人的努力很难达到目的,这就需要别人的帮助,所以,要寻找能够帮助自己的人。

让婚姻来助你成功

婚姻不是吃掉女人梦想的怪物,结婚后更有活力的女人大有人在。婚姻会约束女人,但是,如果能够遇到好的伴侣,婚姻也可能会有利于事业的发展。

很多女孩子,在结婚以前,因为时间上或是物质上的条件不允许,很多自己的梦想都难以实现。结婚后,如果经济条件好,就可以没有负担地投资学费和书费，时间和精力也相对要充裕一些。这样，就可以更投入地进行学习培训，从而能够更快地实现自己的目标。

小欣一直想考取律师资格证书，这是一个很难通过的考试，因此，她屡屡失败。一直到毕业的时候，她都没能通过考试，最后在一家公司找到了工作。工作后，更没有时间和精力了，她的这份梦想离自己越来越远了。直到几年后，她结婚了。丈夫人很好，而且年薪也很高。小欣终于结束了公司生活，重新投入到学习当中。

没过多久，她就通过了梦寐以求的考试，也找到了自己喜欢的律师工作，现在生活得更加愉快。她虽然已经结婚，但还是通过努力学习考取了资格证书，人们都说她是因为结了婚，才会通过考试的。

有经济实力又能体谅人的丈夫，对于妻子来讲是最有力的靠山。不管方法和过程如何，婚后实现梦想的女人很多。就算不是丈夫全力支持，至少婚姻可以带给你经济上和精神上的安定感，对女人来说这是一项莫大的帮助。

当然，并不是所有已婚的女人都会因为婚姻而成功，也并不是所有的老公都有能力和意愿帮助妻子成功。首先，老公要有一定的经济能力，在物质上帮助你，让你在经济上没有后顾之忧，才能全心全意去追逐你的梦想。更重要的是，丈夫必须有支持妻子的意愿。有很多男人，希望下班回家后，能看到妻子准备好晚餐等他回来。如果条件允许的话，他们都希望妻子能留在家里当个全职的家庭主妇。在这样的现实情况下，如果找到一个真正会因为你努力工作而为你开心的丈夫，那么，你就是个幸福的女人了。

热情而多梦的女孩子们，没必要以影响工作为理由，而拒绝婚姻。也许你不想放弃自己的梦想，坚持为梦想而努力奋斗，那么，一个好的婚姻也许更能助你一臂之力，让你梦想成真。

在我们的人生旅途中，总会遇到这样那样的困境，这个时候，一个人的力量就显得过于单薄，如果你婚姻中的另一半能够帮你一把，如果家庭的温暖能够让你在遇到困难时更有力量，那么，我们为什么还要拒绝婚姻呢？女孩子们，利用你的婚姻吧，在婚姻中你既能找到力量，也能找到幸福！

重视闺中密友

在平凡的生活中，每个女人都需要有几位知心朋友来提供感情的养料，因为没有任何一个人，包括你的丈夫，可以在所有方面都能够达到你的要求。如果没有朋友可以诉说，你就会把所有的期待都放在丈夫身上，他就会感到压抑甚至是窒息，因为他不能完全满足你的期待，他实在无能为力。

女人最懂女人，所以，无论什么时候，姐妹们都是女性最好的倾诉对象。穿着打扮、美容保健……女人成长中的每个小秘密，你肯定都会和身边的女友说起。

交男朋友了，闺中密友和你一起分享恋爱的甜蜜与烦恼，在你难以选择时给你出谋划策。

谈婚论嫁了，生命中的另一半也无法替代女友的位置，女人之间的话题只会越来越多。当女人想开演离家出走的感情戏时，女友的闺房就是最坚强的靠山，出走的女人会躺在女友的软床上，胜券在握地等待着男人前来负荆请罪。

朋友是不可取代的，朋友是你免费的心理医生，再忙也不要忽视女友的存在。从跳皮筋时的玩伴，到寝室里的“死党”，再到拉家常时的“姐们儿”，都是你的闺中密友。有几个知心的好姐妹一起分享快乐，分担悲伤，会让你的生活增添许多幸福，同时省去许多烦恼。

然而，有很多女人，在结婚或恋爱后，就把心思全部集中在丈夫或男朋友身上，将自己的全部精力都放在了家庭中，而忽视了与闺中好友、红颜知己的感情，结果朋友之间的感情越来越淡漠，以至于联系都很少了。而一旦自己遭遇感情的挫折或是生活中有什么变故的时候，才猛然发现，自己竟然连个说话的朋友都没有。

其实，人在结婚后还是要继续结交好朋友的，但是，结交好朋友的意义，不是为了在面对婚姻生活孤立无援时可以找人倾诉，而是要继续我们的心灵成长。

小杨每天的工作安排得满满的，她有四份工作，白天做会计，晚上和周末兼职做广告代理、电视台主持人和临时演员。她还有个很亲密的男朋友，但是有时仍然会感到失落，心里空空的，好像少了什么。小杨发现了问题的所在，原来自己的生活中没有知心的女性朋友。

后来，小杨在工作中认识了三位女性，她们四个人有很多相同点：都在电视台工作，都没有孩子，都不讲究浪漫，工作起来都很拼命。有一次，她们四个人一起出去吃饭，聊得很尽兴，于是约定了下一次聚会的时间地点，同时，她们决定每两周聚会一次。在第三次聚会的时候，小杨觉得自己大笑的次数越来越多，郁闷的时候越来越少。

她们四个人越来越要好，谁生病了，其他三个都会去看望；谁出差去了外地，其他三个会轮流去她家打扫卫生、喂猫；休年假时，四个人会一起出去旅行。而且有了朋友们的鼓励和支持，小杨的工作也越来越得心应手，不久就成了市场部主管，事业一帆风顺；感情也开花结果，三个好朋友都给她的婚礼当起了伴娘。

常与女性朋友或者女性亲戚聊聊天、打打电话，可以让你体验只有女人才会感受到的共鸣。对现代职业女性来说，工作上的互相帮助与支持更是友谊的坚强黏合剂。不仅在生活上，女性在工作中也希望能得到朋友的意见和支持。于是，现代女性的友谊里便多了些理性的内容，友谊不只是个人生活中的倾诉与交流，也包括了事业上的合作与支持。

让自己来帮助自己

一个人的力量是很难应付生活中的所有问题的，所以，自己需要别人帮助，自己也要帮助别人。一个人的力量毕竟是有限的，每个人都有需要别人帮助的时候。要求别人的帮助并不能证明你就是一个弱者，相反它可以帮你更加顺利地完成你的目标。每个人都需要帮助。所以，不要害怕去请求别人的帮助，更不要吝啬自己对他人的帮助。人类正是在这种互帮互助中才有了今天的发展和辉煌。

在我们人生的道路上，肯定会遇到许许多多的困难。但我们知不知道，在前进的道路上，搬开别人脚下的绊脚石，有时却恰恰能为自己铺路呢？

十多年前的一个夏天，金小姐作为一名公司职员从台湾去美国芝加哥参加一个家用产品展览会，午餐就在快餐厅里自行解决。当时人很多，金小姐刚坐下，就有人用日语问："我可以坐在这里吗?"抬头一看，是一位白发长者正端着饭站在面前。她忙指着对面的位子说："请坐。"接着，她起身去拿刀、叉、纸巾这类的东西，而且她还担心老人家找不到，便帮他拿了一份。一顿快餐很快就吃完了，老人临走时递来一张名片，说："如果以后有需要，请与我联络。"金小姐一看，哦，原来老人是日本一家大公司的社长呢！

一年以后，金小姐自己注册了一家小公司。生意做了不到一年，客户突然不做了，而这时，新一年的生产计划已经定了，连样品都做好了，更何况这是她唯一的客户！

危难时刻，她忽然想起那位日本老人来，就抱着一线希望写了一封简单的信，说不知您是否还记得我，并说明自己当前的困境，如果您来台湾希望能来看一看。信发出后一个星期，就收到了回信，老人说即日启程来台湾。两天后，他真的来了，还带来了六七个公司职员。他们拿出样品让她试加工，在肯定了产品和质量以后，当场投下了足够金小姐做一年的大订单。

别人遇到困难时，适时地伸出你的手，也许，你的举手之劳就会给别人带来极大的帮助。而当你在需要别人帮助的时候，也会有人同样向你伸出他们温暖的手。因此，最终而言，帮助我们的不是别人，而是我们自己。

赏析

借尸还魂：原意是说已经死亡的东西，又借助某种形式得以复活。用于军事上，是指利用、支配那些没有什么作为的势力来达到我方目的。而对于生活在现代社会中的女性，要利用的不只是那些没有什么用处的东西，而要学会借助别人的力量，懂得利用一切可以利用的东西，来达到自己想要达到的目的。

第二篇

恋爱：我的爱情我做主

第9计

以逸待劳:温柔成就女人心机

兵法原文

困敌之势,不应战;损刚益柔。

原文今译

迫使敌人陷于困难的局面,并非一定要使用直接进攻的方法;消耗或疲惫敌人,使敌方由优势转化为劣势,才是取胜之道。

女人天生比男人多一份温柔,但温柔并不代表软弱,温柔可以成为女人以静制动、以柔克刚、以逸待劳的大智慧。恋爱中的女人如果能够用自己的柔情,征服男人的阳刚,满足男人的成就心,那么,在不知不觉中,男人就被你的柔情所俘获,最终成为你的俘虏。

最是那一低头的温柔

有位作家说,女人存在的理由就是因为她具备男人所缺乏的温柔。这话虽然说得有些牵强,但是,温柔对于女人来说,确实非常重要。温柔是女人不可缺少的一种基本的资质和品性。

造物主为了和谐美的原则创造了男女,它赋予男性阳刚之美,又赋予了女性阴柔之美。阴柔之美是女性最基本的特征,其核心是温柔。

女人，最能打动人的就是温柔。温柔像一只纤纤细手，只需轻轻一抚摸，受伤的灵魂就会愈合，昏睡的青春就能醒来，痛苦的呻吟就会变成甜蜜幸福的鼾声。随着时间的推移，漂亮的外表终会失去光泽，而温柔将永驻。自然天成的女性温柔，古往今来给人间带来多少深情挚爱、温馨和谐，让无数的英雄豪杰为之怦然心动。

作为女人，你尽可以潇洒、聪慧、干练、足智多谋、会办事儿，但有一点不能少，那就是温柔。女人的温柔是一种美德，一种足以让男性一见钟情、忠贞不渝的魅力。在男人挑剔的眼光中，盯着女人靓丽外表的同时，心里还渴求着温柔。但是，当男人真正读懂女人这本书的时候，他会惊奇地发现，其实温柔才是这本书的经典之处。

温柔有一种无形的力量，能把一切愤怒、误解、仇恨、冤屈融化掉。一个温柔善良的女人比起虽有倾城倾国的美貌却蛮横泼辣、心肠恶毒的女人绝对要可爱得多。

温柔的女人最有女人味，不尖刻，内心柔软但又充满自信。温柔的女人是幸福的，没有愁怨，更不会寂寞。爱让她的内心充盈而有力量。温柔的女人明白自己的力量所在、魅力所在和快乐所在。她优雅的情怀与宽容的气度浑然一体，互相辉映。

温柔的女人不是只懂得牺牲的小女人，女人的温柔不是没主见的“乖”，而是一种美好性情，一种智能，一种女人味。女人的温柔不是扭捏的做作，而是让男人舒服、更让女人羡慕的品性。温柔是为人妻、为人母的基本资质和品性。这一特点赋予了女人一种神圣的美，宛如奔腾的江河震撼着人们的心灵。

温柔的女人，善解人意，会像尊重自己一样尊重爱，她抚摸爱人的脸，侧耳倾听爱人的心跳……她感性，她有血有肉，有情有义。

温柔的女人不可侵犯，但总能给人一种松弛感。温柔的女人虽然不时地考你，但却不给你压力，目光里写满鼓励与怜爱。

温柔的女人聪明，但给人的感觉不是咄咄逼人，而是舒服的微笑，带点书卷气，弥漫着一种味道……温柔的女人也许会没收男人手里的香烟，但她也会不顾疲劳而陪你看足球至深夜。她用沉默感动你，用灵魂支持你。

温柔是女人最动人的特征之一。她可能不是都市的白领，她的学历也可能不是那么高，她的厨艺也许不怎么好，她的细手也许很笨拙，她的长相也许一般，总之她绝对不能算得上是一个十全十美的俏佳人，但她却很温柔，女人的温柔足以让男人在顷刻间为之陶醉。

女人的温柔，来自于女人性格的修养，是一种诱人的气质，是因为柔中有刚、柔韧有度，所以才柔媚可人。在男人眼中，女人的这一特点比所有的特点都要可爱。温柔的女人走到哪里，都会受到人们的欢迎，博得众人的注目。她们像绵绵细雨，润物细无声，给人一种温馨柔美的感觉，让人回味无穷。

女性的似水柔情，是一种征服男人的巨大力量。上帝赋予了男人阳刚之美，又赋予了女人阴柔之美。阴阳两性的相承相克，这是一种最和谐的美学原理。女人清秀的容貌、柔和的线条、言谈举止中散发出的脉脉温情更强烈诱人。女人运用自己的性别特点，表现出谦恭仁爱、热情温柔等，往往能激起男人的爱怜感和保护欲。

女作家梅苑在《美人如水》中也说，女人柔情似水，才有女人味道，才会增添女性气质。女人的诱人之处，正在于有似水柔情，女人的温柔对男人来说，是一种迷人的美，也是一种可以将其征服的力量。因此，女人向男人进攻，最有效的常规武器就是温柔。

女人温柔，是女人一种为人处世的态度，也是一种品德修养，温柔的女人并不是不能具有其他的特点；相反，做女人最大的好处是，可以一“柔”遮百丑。

从现在开始,好好地利用温柔做你的盾牌,挡住男人锋利的矛,然后在完全摸透他脾气之后,他就只能对你听之任之了。因为作为女人,你要是想幸福,就要有掌握局面的本事,哪怕最后无法全盘掌控,也不会输得太惨。

可爱的善解人意

善解人意是女人手里一张有力的王牌。善解人意的女人,他人与之相处简直如沐春风。如果女人称男人是一座大山可以依靠,那么男人更想女人是一片静静的港湾,可以让男人停靠。

善解人意的女人在待人接物时会表现出自己的风格和个性美,不会给男人出难题,失面子。善解人意的女人在约会时,不会让男人太花钱。如果男人在约会时没有钱,她能够若无其事地说"我今天只想吃面"。即使你没有说出你的用意,对方也已经很感谢你对他的关怀了。

在男人心目中,善解人意的女人是最可爱的。善解人意的女人都很善良、真诚、有操守。善解人意的女人,知道自己身边的这个男人虽然是她今生今世的至亲至爱,但作为一个独立的个体,他那颗心在属于她的同时更多的还是属于他自己。她知道,在男人骨子里,事业有时会胜过爱情。善解人意的女人让男人活得轻松,越成熟越成功的男人越会对这样的女人有一种生活上的依赖和依恋。

善解人意的女人无论在什么时候都不会把男人当成私有财产,不会要男人对自己言听计从,不会在男人忙于工作时抱怨男人冷落了自己,也不会让男人时时刻刻牵挂着自己。

善解人意的女人知道好男人就像是在高天中盘旋的鹰,只有当这只鹰很累了或是想要休息时,才会回到女人身边,才会想起享受他的爱情。

善解人意的女人会让男人喜欢，让男人感动。善解人意的女人知道男人既刚强又脆弱，知道有的男人把荣誉和面子看得比生命还重。善解人意的女人知道在男人的精神世界里有哪些禁区，她总是很小心地不去碰这些禁区，她总是想着不要使男人的尊严受到伤害。善解人意的女人绝不会和自己的男人斗气斗勇，绝不会像泼妇一样把男人打得像只斗败的公鸡。善解人意的女人知道男人发火90%以上不是眼前这个原因，导火索潜存于男人的情感世界的另一处。善解人意的女人深知平平淡淡才是真，精心别致的晚餐，生日时的一份礼物，读书写作时送一杯香茗，点点滴滴都是情。

男人们多数都是极具理性的，他们不会因为善解人意的女人谦让而得寸进尺，他们会对善解人意的女人心存感激。在生活的河流上，他们同乘一条船，用风雨同舟形容显然已经不够了，因为在男人眼里，善解人意的女人不仅仅是坐船的，也不仅仅是划船的，而是帮着男人撑船的。

女人娇羞，最能拨动男人的心弦

这是个个性张扬的时代，这是个大胆开放的时代，已经很少有人羞于表达自己的情感，即便是女人也是。在这个审美迷离的年代，女性越来越开放，越来越有野性，羞涩的女人在现代已经成为稀有化石了。

自古以来人们都习惯将女性称为“红颜”，“红”字不止于面部的青春红润，更重要的是与羞涩有直接关系。绯红的羞涩象征着女性美，但它往往稍纵即逝，所以，女性学会了用胭脂粉饰面颊，起到了羞涩常驻的效果，有助于强调女性羞涩的气质美。

羞涩，是人类文明园中最令人驻足惊叹的风景。羞涩是人类最自然、最纯真的感情外显，它是一种感到难为情、不好意思的心理活动，往往伴随着甜蜜的惊慌、异常的心跳，还有就是脸上荡漾的红晕。女人脸上的红晕，就是青春羞涩的花朵。女人的羞涩是一种美，是一种特有的魅力。一张羞涩的脸，便是一首人世间任何一位诗人也作不出的诗。

羞涩是一道醉人的风景，羞涩之色犹如披在女性身上的神秘轻纱，增加了她们的迷离朦胧之感。这是一种含蓄的美，美的含蓄；是一种蕴藉的柔情，柔情的蕴藉。

"最是那一低头的温柔，像一朵水莲花不胜凉风的娇羞。"徐志摩这广为流传的两句诗可谓写女性娇羞美的经典之作。女人脸上的红晕，就是一朵娇美的花朵。

并不是说大方爽朗的女人就不好，羞涩与大方爽朗也并不抵触。羞涩是指某些场合下内心感情的一种真挚的体现，尤其是在同男人交往的时候，如果适时地表现一下你的羞涩，绝对会起到意想不到的效果。

如果同自己心爱的人在一起的时候，你因为他一个善意的玩笑或者一句发自内心的赞美而娇羞满面，会让你身边的他感受到一种别样的美丽。所以，适当的羞涩是提高女人味指数的又一法宝，女人们千万不可忽视。

娇羞的另一方面就是娇。恋爱中的女人，要学会"娇"，但是，不要以为学娇就是学嗲。发嗲，在热恋时，会让可爱的女人显得更可爱，但不分场合的发嗲只会让人无可奈何哭笑不得。

比嗲更重要的是嗔。不会嗔的女人，仿佛不会动的华丽木偶，缺少了灵动之气。一个聪明的女人，不仅要会嗲，更要会嗔，四两拨千斤，轻轻一嗔，连凑热闹的人都觉得没劲了。要想在男人面前千娇百媚，并让他"娇"你，必定要先"娇"他，让他感受到你的"娇"。你"娇"他，他便"娇"你，这是再简单也没有的道理。

女人的娇羞，是拨动男人心弦的法宝。作为一个女人，尤其是恋爱当中的女人，一定要学会"娇"，而且，更要知道"羞"。传统女人娇羞美丽，是一种软魅力，在爱你和你爱的男人面前，是他们无法抗拒的力量。

微笑是幸福的天使

微笑是一种温柔却又强大的东西。微笑在初次见面时，表示的是“我很高兴见到你”，“和你在一起我很愉快”，“我很喜欢你”；当你需要帮助时，微笑表示你的请求和对对方的尊重；批评别人时，微笑把“良药”的“苦味”减轻了很多，对方更易于接受；在争论中，微笑表明你想“休战”。微笑可以是鼓励、信任、自嘲、肯定、赞美……因为其丰富的内涵，微笑在不同的场合发挥着神奇的作用。

有人说女人征服男人最有力的武器是眼泪，但那往往是感情产生纠葛后的无奈之举。真正说来，女人对男人最有力的武器莫过于笑容，愉悦的笑容是护佑爱情的天使。男人一想到辛苦工作一天后能够看到爱人温暖的笑容，疲劳便会顿时消失。因此尝试着去微笑吧，你将发现爱人更加喜欢你，更加依恋你。

长期以来沉重的工作压力，使得小娟总是顾不上与男友交流什么。这一天，因为自己在单位谈了一个大客户，收获不小，得到了领导的夸赞和奖励，心情不错的她，赶忙约男友在他们常去的咖啡厅见面，看到男友走来，小娟微笑着说：“最近工作很累吧！咖啡已经给你点好了！”男友有些受宠若惊，因为近段时间来，他几乎没有见过小娟脸上的笑容。感到被冷落的男友在看到小娟的微笑的一刹那，感觉他最初认识的小娟又回来了。因此接下来，男友也同样回报了小娟久违了的呵护与关心。小娟突然意识到，原来工作压力以外还有这么多幸福和快乐的事情在发生，恋爱时间再长，也依然可以天天都处于热恋状态，而这一切的前提，就是需要自己给对方报以微笑和关怀。而这一个微笑，并没有消耗自己太多的体力和太多的时间。

心理学家分析认为，如果你对他人微笑，对方也会回报以友好的笑脸，但在这回应式动作的背后，有一层更深的意义，那便是对方想用微笑告诉你，你让他体会到了幸福。你对着婴孩笑，他就会像受到感染一样冲着你笑，那是因为你的微笑让他觉得安心。你对着爱人微笑，他也会像一面平面镜一样呈现出同样的微笑，那是因为你的微笑让他感到爱意。无论是孩子还是成人，没有人不喜欢微笑，微笑是幸福的天使，可以带给你更多的幸福！

赏析

“以逸待劳”强调：当敌方处于困难局面，进攻并不一定是最佳方案。关键在于掌握主动权，待机而动，积极调动敌人，创造战机，不让敌人调动了自己。所以，以逸待劳的“待”字并非消极被动地等待。

女人有着相对男人而言的柔弱身躯，有着相对男人而言的柔弱外表，有着相对男人而言的柔弱力气，但是女人的名字却并不是弱者！阴柔与阳刚本来就是相生相克的，没有谁敢说阳刚就一定强，阴柔就一定弱。女人，请记住，上天赐予你阴柔的特性，并不是为了让你始终处于两性中的弱势地位，相反，柔弱本身就是一种优势，是一种韧性，因为硬碰硬的下场无疑是两败俱伤，而男人与女人过招的目的是为了得到共同的幸福。所以，最好的办法就是女人利用上天赐予的阴柔的优势，来俘获男人的心。这是一种不费丝毫体力和精力的事情，它只需要你小鸟依人，需要你温柔娇羞，需要你温文尔雅，从而激起男人的那种天生的强势感和保护欲，成全了他男子汉大丈夫的心态，你也就能“坐享其成”了。

第10计

苦肉计：适当的时候会示弱

兵法原文

人不自害，受害必真；假真真假，间以得行。童蒙之吉，顺以巽也。

原文今译

人不会自己伤害自己，一旦受到伤害，别人必然会信以为真。假作真时真亦假，离间计便可以实行了。这样，就像蒙骗幼童一样，蒙骗敌方，使其被我方操纵。这是吉祥之兆。

通常情况下，人是不会伤害自己的，但是，有时为了某种需要，人也会自己伤害自己，也就是所谓的“苦肉计”。在热恋中，女人在适当的时候也需要用一用苦肉计。女人用苦肉计，并不是要刻意去伤害自己，也不是故意在男人面前装可怜，而是要学会示弱，以激起男人的同情心和保护欲，让自己由楚楚可怜变成楚楚动人。

遇到事情，让身边的男人来解决

在我们身边，有不少女人，在自己的行业领域确实是优秀人才，在职场上勇于跟男人较量，一副巾帼不让须眉的英姿，着实令人佩服。但在选择对象时，仗着自己的精明能干，百般挑剔，处处咄咄逼人，情感之路颇费周折，结果对象越挑越没得挑，只能待字闺中饮尽孤独！

无论女人多么优秀，都要记住永远不能把你的职位和财富作为交换爱情的筹码，否则你找到真命天子的希望将会十分渺茫。男人最讨厌的女人品行之一，就是她在他面前炫耀自己有多能干或多有钱。女人锋芒太盛，就会无处觅得男人的保护，因为男人无法胜任保护她、爱她的重任。

社会在发展，女人越来越强大了，大到职场争夺战，小到家里换灯泡，都能一手搞定，想都没想要找男人帮忙，原本温柔的女人无可奈何地变得锋利起来。男人也越来越困惑，不再被需要的男人，从哪里找回尊严和力量呢？男人和女人，变得刺猬一般，害怕别人身上的刺，又想保持温暖的距离。这样的男人和女人，看似坚强，其实很累。男人是否也应该学着成长？而女人是否应该学着重新认知自己的社会角色，适当放低姿态？

其实，女人依然希望得到男人的帮助，男人依然渴望被需要的感觉，找到一个一触即发的契合点，男人就会是你的活雷锋。

女人需要男人，正如男人需要女人。男人喜欢被女人需要、被女人重视，为了这种感觉，他们愿意付出很多，包括力量、经验、耐心，甚至爱。帮助女人，对所有男人来说都是一件快乐的事。帮助女人，对于男人既是友好的表示，也是自身风度的表现。男人越是愿意帮助女人，我们的两性环境就越和谐，男女间的了解便越深入。但是，男人很挑剔，他们不愿意帮助自以为是的女人、高不可攀的女人、强大得让他们觉得自己弱小的女人，尤其是自己身边最近的女人。

女人不能太能干，太能干的女人，一定会孤独。太能干的女人，对男人而言是压力。女人不妨柔软藏拙一些，不妨让男人多些表现自己。也许有女人会说："那不是显得我们女人太笨太软弱了吗？"不是这样。古代哲学家老子曾说："上善若水，水善利万物而不争。”如水一样甘居下地，却能有利于万物。那些温和的女人、平淡的女人往往比那些争强好胜的女人更容易满足，更容易得到幸福，更能得到男人的宠爱。

男女如同电流的两极，阴阳结合的世界才完美。上天创造了男人和女人，并赋予他们不同的天性，希望他们取长补短，互相帮助，共同打造一个和谐完美的世界。

女人，要学会示弱

柔弱是女人的天性，但现代社会在男女平等的浪潮之下，很多女人开始变得像男人一样独立，这本来无可厚非。但是，在爱情中，恋人相处久了，容易对立，为一件很小的事情偏要争个高下，这样做是很不明智的。本来爱情就没有道理可言，而女人善于感情用事经常使事情变得更加混乱。

争论与执拗或许能取得一时胜利，却容易给男人留下不讲理的印象，伤害两个人的感情。长此以往，两个人都会感到无聊与疲惫，只有示弱才是明智的解决办法。示弱不是软弱、懦弱、退缩，而是一种尊重、礼让和宽容。

聪明的女人即便不柔弱，也要懂得示弱，这是一种生活的艺术，是人生的大智慧。在爱情中，把示弱当成一种允许和必须的价值取向和人生态度。天生的柔弱气质，能够保证你在人生中得到呵护，拥有幸福。

太聪明、太独立的女人容易在事业上取得成功，可是一个人的能力过强，会给他人以很大的压力，与之相处仿佛总是在提醒自身的无能和低劣，这样的女人让男人感觉不到温暖，很难与她分享浪漫。

越是事业成功的女人，越要懂得示弱。“白璧微瑕”比“白璧无瑕”更能赢得男人的怜惜与喜欢，少一些指手画脚，男人会感觉轻松一些。女强人们千万不要把职场上的咄咄逼人带到爱人面前。在爱人面前，要懂得迅速转换角色，要学会收敛过强的上进心和自尊心。

在爱情中，不肯向男人低头、拒绝男人照顾的女人，除了把自己弄得伤痕累累之外，大多只能落个独自垂泪的后果。

钢劲的旋律缺了柔美音符的点缀就造成了遗憾，女人不会示弱，也就丢掉了应有的魅力和美丽。

恋人之间发生冲突的时候，既不能冲动，也绝不能靠逞强，只要心里有爱，不妨装装糊涂。一个女人时不时犯点儿小错误，可以降低对男人的压力，缩小双方的心理距离，既维护了对方的自尊，也满足了对方的好胜心理，因而也容易赢得对方的喜爱。

人，无论是强者还是弱者，都有被人需要、被人尊重的需求，都有超越别人获得心理优越感的需求。女人过分要强，会让身边的男人显不出自己的重要性。要强的女人常常很“理智”，却不够“聪明”。在两性关系中，应该强调示弱，并且需要把它与适当的退让和放弃结合起来。

两个在不同环境下长大，有着不同经历、不同个性的人走到一起，必然会有一个相互了解、相互适应的过程。在这个过程中，选择放弃就是选择新生、选择希望。不要企图去改变你的爱人，那将得不偿失，男人们的固执有时候需要我们用一生的光阴才能真正领略。而固执的男人一旦有了逆反心理，他离你而逃的日子也就不远了。

美好的爱情需要女人不断调剂，热情时骄阳似火，让爱人情不自禁；而柔弱如蓓蕾初绽，更令人怦然心动。经营爱情有时候比经营事业还要劳神费力，因为其中夹杂着过多的感情因素。作为一项长久的、艰苦的活动，它需要女人投入更多的爱心和耐心。

做个幸福的小女人

做小女人，永远当不了高高在上的领导，做不了威震八方的巾帼女侠。但小女人也不奢望在工作中取得很高的成就，女强人她做不来，也不想去做。

小女人愿意把爱人放在生命中最重要的位置，要想获得幸福，首先要付出，只要心中充满爱，人生处处都是碧海蓝天。小女人的幸福是：男人最爱的地方是她所在的地方，男人最爱吃的饭是她做的饭，男人最爱穿的衣服是她给买的衣服。小女人的幸福，是拥有一个爱她的男人，即使她没有倾城倾国的容颜，她仍然是他的宝贝。

小女人懂得尊重，这是她对待别人的基本态度。小女人知道，当男人感受到不被尊重时，他便会躲着你。他也许会用没完没了地看电视或看书、打高尔夫球、疯狂工作许多小时、在车库里修理旧车来打发时间。所以，小女人知道尊重自己身边的男人。

小女人通常是单纯善良的，她的低调也正是她的聪明之处。恋人间太多的心机，她不屑去做，她觉得那样太累，不如用简单来对待复杂。她懂得感恩，男人对她的好她会时刻记着；她容易感动，美丽的事物常常让她泪流满面。

小女人享受物质却从不崇拜物质，她追逐物质却从不沉溺物质。生活中只要有一点点的奢侈，她就觉得非常幸福了，生活因此而精致，但绝不让自己陷入奢靡的泥潭之中。小女人享受着这一点美好，心安理得，心满意足。

如果你不能或不想只做职场上的女强人，如果你想更多地享受爱情所带来的幸福和温暖，更多地得到爱人的关心与呵护，不妨低调一点儿，柔弱一点儿，安安心心做个幸福的小女人。

赏析

从常理上来讲，人不会伤害自己，若真的受到伤害，则一定是某种自己无法抗争的力量导致的。利用这个常理，自己伤害自己，以蒙骗他人，从而达到预设的目标。这种做法不仅用于战争之中，还广泛地见于社会生活的各个领域。

在现代经商活动中，经营者利用苦肉计，对自己的不合格产品集中进行销毁，以引起广大群众的注意，树立自己企业的良好形象，为下一步赚回更多的钱而埋下伏笔。而对于女性而言，在恋爱中，面对自己身边的男人，有时候也需要用一用苦肉计——那就是要学会适当的示弱。虽然女人的名字不是弱者，但是，适当的示弱会激起男人的怜爱之心、成就感和保护欲，从而让男人乖乖地留在你身边。

第11计

假痴不癫：聪明女人糊涂心

兵法原文

宁伪作不知不为，不伪作假知妄为。静不露机，云雷屯也。

原文今译

宁可假装不知道而不采取行动，不可冒充聪明而轻举妄动。要沉着冷静，不显露真实动机，就像雷霆掩藏在云雷后面一样，把自己藏于暗处，然后待机而动。

糊涂的学问，对女人而言，是不容易学到的。多数女人喜欢充当智者，不愿装傻，更不愿让别人说自己是个糊涂虫。事实上，真正的聪明，是一种"大智若愚"的聪明，明察秋毫却含而不露，遇事当糊涂时糊涂，当明白时明白。如果你要做个真聪明的女人，就一定要学"糊涂"，偶尔的糊涂、暂时的保守，不仅可以省去许多的烦心事，更可以省去不少时间，让自己尽情享受生活。

最高的城府是返璞归真

女人的城府是一把双刃剑：人们一直有一种理解，认为女人没城府是优点，越没有城府的女人男人越喜欢。可没有"剑"的女人，遇到危险时除了乞求对方不要拔剑，或者练就天下无敌的逃生轻功，还有别的办法吗？城府其实是女人防身的武功，你可以不用，但不可以没有。

世界从来不像我们设想的那么简单，但世界也不是我们认为的那么丑恶。既然无法终日蜷缩在安全的壳子里，为什么不正视并适应这个世界？一旦明白了世界是复杂的，人性是复杂的，我们就拥有了宽容与智慧，城府可以让我们游刃有余地行走其中。

最有城府的女人，能够将一切尽收眼底，取精华，去繁复，遇事沉着冷静，更为重要的是，还能在这种坦然与冷静下，保持轻松和单纯的心态。

鲁菜中有一道经典的“开水白菜”：高汤历练，文火焙烘，再除去沉淀，看似清澈见底，但所有精华都浓缩在汤水中，口感淳厚，回味无穷。

不是每个女人都能修炼出最高级的城府，就像不是每个学武的人都能练成大师——她必须得聪明过人吃得苦头，同时又须有足够的善良敏感和睿智，才可以在掌握一切技巧之后，依然正直纯粹，并执著于此间的爱与生活。

偶尔装点儿疯卖点儿傻

有个女孩自幼就聪明绝顶，对什么事都成竹在胸，是同龄人中的佼佼者。她看事非常透彻，常常能一针见血地指出别人隐藏得很深的小秘密。她高中上的是重点，大学上的是名牌，研究生读的是知名教授，读博士去了国外，毕业回国后事业有成，有名声有成果。但是，美中不足的是，这么多年，她一直孤身一人，总也无法找到合适的结婚对象。

其实，这个女孩最大的优点也是最大的缺点，就是她太过聪明。太精明的女人会让男人生畏，你力大无比，你才识过人，你事事精明，那还要男人做什么。女人太出色、太优秀了，就很少有男人能在她的面前活出点尊严来。男人喜欢那种小鸟依人的女人，因为小鸟依人的女人藏起了她的力量，掩盖了她的才识。小鸟依人的女人很精明，精明就精明在她会装一点傻，让男人觉得自己的高大和不可或缺。男人们宁愿找一个傻一点笨一点的恋人，活得轻松自由些，活出男人的自尊来，而不愿意被太过聪明的女孩挑剔、限制和忽略。

智慧女人，懂得装傻的学问，即使他不小心撒了谎，也不刻意去揭穿，更不会去和他拼命，就算她洞悉一切，她仍然可以傻傻地笑着说，我只是担心你。潜台词就是我知道，但我不打算计较。

灵灵是一个非常精明的女人，男友的一举一动她都心知肚明，她也多疑，她也怕失去男友，可她更知道怎么对待男友的一切，她不会肆无忌惮地去争去夺，她装作傻乎乎的样子，一如既往关爱他，装作什么都不知情。男友感觉到了灵灵的无与伦比，特殊的个性美给了他极大的包容。

生活不需要太严肃，装点儿疯卖点儿傻，让自己身边的人哈哈一笑，许多问题就可以迎刃而解了。爱情也是这样，与其制造口角弄得双方不愉快，还不如动动脑筋无厘头一下，不但能让大事化小，小事化了，还能使彼此感情更加甜蜜！

只要把握住恋爱的大方向，不偏离正常的轨道，不偏离道德的航线，试试在小事上装一次傻，说不定你会爱上“装傻”这种生活方式，因为这种方式离幸福最近。在爱情中“装傻”的女人，其实是很聪明的。

永远不要触碰男人的禁区

男人是群居动物，天性爱玩，喜欢热闹，但是他们都有自己的私人领地，有自己绝对的禁区，这个领地是任何人都不允许打扰的，甚至他的铁杆朋友和亲密的伴侣。明白一个男人的心态，这对于女人至关重要。男人的禁区，聪明的女人永远都不要去触碰,否则只能弄伤自己。

第一禁区:忽视他的男性强势地位。男人身上的一种叫荷尔蒙睾丸素的东西,决定了他们比女人积淀了更多的竞争和刺激情结,也就是说男人需要不断地被肯定。如果不想他的意志消沉下去,那就鼓励他、肯定他,作为妻子,你自然也会受益匪浅!

第二禁区:不让他看新闻节目。男人聚在一起会聊国家大事,会关心世界和平,这表明一种实力,一种作为男人的渊博。所以,当你的男友想要看新闻联播或是焦点访谈的时候,千万不要把遥控器死死攥在手里紧盯着韩剧不放。也许他并不是真的喜欢看新闻,但作为男人这是他必修的课程。如果不想让自己的男友受他人耻笑,就该更理解他一点儿!

第三禁区:打扰他的"闭门冥思"。男人喜欢挑战,面对挑战,男人更愿意独自规划。"闭门冥思",这是一个男人在做事业上的计划,对未来的规划。男人的世界充满了挑战和压力,男人喜欢打有把握的仗,在事情没有成功之前他不想告诉别人,在工作上遇到什么问题的时候,男人更愿意自己一个人待一阵。在他们面临人生的重大转折时,总是习惯一个人做决定,然后将结果告诉女人。男人并不是想要隐瞒什么,他只是不想让亲爱的人也来承受本应由男人承受的压力和烦恼。所以身为伴侣的人除了默默支持,别自寻烦恼。

第四禁区:把他当贾宝玉。如果一个男人对你说他爱你的多愁善感、病如西施,千万不要相信,这只是他讨好你的一句恭维话而已,当不得真。男人会爱西施的美貌,却绝对不可能爱她的疾病;男人会欣赏女人的细致聪慧,但绝对害怕女人的多愁善感。如果你能成为薛宝钗,那当然百分之百的好,文化程度低点儿的做做袭人也可以,最不济的,你就算成为王熙凤跟他天天吵架也好,总强过天天提心吊胆赔礼道歉。

第五禁区:逼婚。大多数女人恋爱的直接目的就是为了结婚,虽然说大多数男人的恋爱目的也是结婚,但向往自由的男人对于婚姻的恐惧更多一些。你若真想和他结婚,并且获得婚后幸福,不要一天到晚逼迫他,这只会让他有口难言,并且恶化你们之间的感情,因为男人最害怕被女友说成是不负责任。男人不想结婚并不意味着不愿负责任,而只是想多延长一点儿自由的时间。如果你真的想结婚,应该有技巧地向他暗示,或以退为进,如表示出跟他疏远,让他感受一下没有你的日子的滋味。假如他真的爱你,必定会很快做出行动。

第六禁区:过分坦白自己过往情事。男女双方一旦恋爱,通常会不断地询问对方曾经的感情经历,相比于男人,女人更容易原谅对方曾经的情史,男人向女人追究她曾经的情事,却并不希望得到让自己伤心的答案。女人在这个时候如果过分诚实,对他是莫大的伤害。这会让他有苦难言,对你的感情自然会打折扣!

男人是特别有占有欲控制欲的动物,他们希望拥有绝对属于自己的领地和禁区,以满足他们内心的心理需要。一旦你不小心踏入他们的禁区,会让他们感觉自己的领地被人入侵,为了保护自己,他们会拼命奋起反抗。而在这场战争中,受伤的往往总是女人。所以,聪明的女人,记住男人的禁区,不要轻易去触碰它,以免弄伤了他,也让自己受伤。

没有绝对的完美

女人追求完美不是错,因为世界上有很多美的东西需要你去追求。但是,凡事要有一个度,你可以追求完美,但不能要求完美,因为世间没有绝对的完美。

小卿和男友程涛是经朋友介绍认识的,程涛是 MBA 出身,自己成立了一家公司开发软件。最可贵的是,他是从农村走出来的,靠着赤手空拳打出了一片天下。父母对小卿的男友很满意,两人很快就进入了热恋阶段。

但是，随着两个人了解的不断深入，小卿发现程涛有许多"乡下人"的毛病，比如，头发不注意梳理，不擦皮鞋，普通话里夹杂着乡音，说话大大咧咧，不管别人的感受等。小卿不能容忍有缺点的男人，她决定改造他。于是，以后的每次约会两个人不再谈情说爱，而变成了对程涛的教育课，终于有一天，程涛对她说："我们分手吧，我不想总是受别人的控制。"

过分追求完美的女人不仅自己不快乐，也会让别人不快乐。一个女人，如果凡事要求完美，既是对别人的不公平，也是对自己的不公平。

要求完美的女人不愿意接受自己或他人的弱点和不足，总是用挑剔的目光看着身边的一切。追求完美的女人缺少朋友，因为那些想成为她的朋友的人都被她挑剔的目光吓跑了。要求完美的女人也是自卑的，因为她很少看到自己的优点，总是关注自己的缺点，总是不知足，很少肯定自己。完美女人的性格首先表现为较真、固执、刻板和不灵活，给自己设定了一个很高的标准，整天为达到这些标准而身心憔悴。

一个女人如果对自己和他人要求过高，想把身边的事都做得完美无缺，那她的一生都很难快乐起来。适度对自己宽容些，对别人妥协些，人就会少了许多烦恼。聪明的女人，不是满脸挂着冰雪聪明、善于算计的女人，而是那些遇事不较真、不钻牛角尖、习惯对一些小事一笑了之的女人。

假如遇到了"更好"的男人

很多女人在热恋过后会感到爱情的平淡，甚至还会产生厌倦情绪。你身边的那个男人不再如以前那样体贴能干，也没有了以前的风趣和潇洒，而取而代之的是懒惰、不体贴、没情趣……而周围却会时不时地出现一些更优秀、更好的男人，这个时候的女人，要不要“跳槽”呢？

先来看一看哲学家苏格拉底的“如何寻找最大麦穗论”：

在一块麦田里先走上三分之一的路，观察麦穗的长势、大小、分布，在随后的三分之一里选定一个相对最大的，然后从容地走完剩下的三分之一——即使在这三分之一里面还有更大的，按规律来说也不至于令你太过遗憾了，总比一上来就匆匆选定，或行程快结束了才胡乱抓一个更有使人安心的科学性。倘若你有机会到另一畦更大、品种相异的麦田遛一圈儿，你会伤心地发现，自己视若珍宝的那个麦穗相对于外面的世界不过是小巫见大巫。

爱情也是如此，或许，你会在其他的麦田里看到更好的麦穗，但有时候你看到的更大的麦穗，等你拿到手里以后，才会发现，这个麦穗并不是你想要的，或许它并没有你手里的麦穗饱满，或许它已经被虫蛀了……因此，当碰到了“更好”的男人时，先确定一下自己的判断是否正确。就像女人在会见其他男人时会打扮化妆一番，以显得更加漂亮一样，男人在女人面前，尤其是在他心有所属的女人面前，也会显得更加能干、风趣、体贴、潇洒，而把不太美妙之处无意或有意地隐藏起来。

爱情当中没有更好，只有更适合，适合自己的就是最好的。你的另一半绝不可能是这个世界上最优秀的男人，但是，为了经营好这份情感，你应该把他当成这个世界上最适合你的男人。因为，更好的并不一定是更适合的。如果那“更好”确实是无疑的，便再想想那“更好”与原有的“他的好”，哪个是自己更需要的；两者的不足，哪个又是自己更不能接受的。

退一万步说，就算这个“更好”的名副其实，你也真的对他十分的满意，然而，太阳底下没有新鲜事，日复一日，年复一年的生活会使许多东西蜕变。看的时间长了，再美丽的东西也会看得熟视无睹了，何况是人呢！

原有的“他”，已经把缺点暴露无遗，优点又已被习以为常，就像天天吃的饭，虽然很好吃，但吃的人已不看重，只有到了没有的时候，才会怀念起来。而且，睁着眼睛挑，闭着眼睛过，你与原有的“他”已经磨合了，与新的“更好”走在一起还需要重新磨合。

面对正在向你走来的好男人，最好的姿态是站在远处欣赏他，而不要因为挨得太近而打破一种美好。做个好朋友，既有无话不谈的投机，又有互不计较的宽宏，省得挨得太近了，而产生斤斤计较的摩擦。也不会因为挨得太近了，有一种互相妨碍和钳制——感情的断送往往因这些而起。

赏析

假痴不癫，重点在一个“假”字。这里的“假”，是指伪装。表面痴呆，而内心却十分清醒。此计作为政治谋略和军事谋略，都算高招。

此计用于政治中，就是韬晦之术，在形势不利于自己的时候，隐藏自己的才能，掩盖内心的政治抱负，以免引起政敌的警觉，专一等待实现抱负的时机。用于商业经营之中，常常是经营者为了掩盖自己的企图，以假痴来迷惑众人，宁可有为示无为，聪明装糊涂，不可无为示有为，糊涂装聪明。

涉及到爱情领域，对于女人来说，有时候，太过聪明反而是聪明反被聪明误，不妨偶尔装点儿糊涂装点儿傻，学会睁一只眼闭一只眼。真正聪明的女人，懂得何时展现聪明智慧，何时则应该表现得天真傻气，这样，日子才会过得更加快乐惬意。

第12计

金蝉脱壳：学会巧妙地说“不”

兵法原文

存其形，完其势，友不疑，敌不动，巽而止，蛊。

原文今译

保持阵地原形，造成我军仍在原地防守的气势，使友军不产生疑虑，敌人也不敢轻举妄动，要在敌人困惑时，隐蔽地脱离险境。

无论是缘分没到，还是感觉不对，如果你就是没办法接受对方的感情，或者你已经对对方没有了感情，那么，巧妙地回绝不属于你的那份情感，未尝不是一种明智的选择。现代社会，越来越多的女性，疲于奔波在事业与爱情之间，常常因为力不从心，而不得不发出“鱼和熊掌到底要哪样”的慨叹。面对职场中巨大的工作压力，为了生存，为了自我价值的实现，很多女人选择了要事业，而不要爱情。不管什么原因，女人们都要明白，爱情不是人生的全部，当爱到不能爱，聚到终须散时，请让自己全身而退。

不爱他就不要接受他

女人天生多情又心软，面对一个疯狂爱恋自己的人总不忍心伤害，结果却往往让彼此伤得更深。

爱情是一种双向性的情感交流，是两颗心深深地倾慕，是两情相悦，是一种灵魂与灵魂碰撞的火花。如果两个人相爱，是不需要刻意改变自己去取悦对方的。但倘若两个人没有爱情，无论一个男人采用如何极端的方法来取悦女人，女人都无法爱上。这时候，女人一定要坚决一些，不能拖泥带水，否则结局只能让你们彼此更尴尬，甚至更痛苦。

小米就曾碰到过一个宣称肯为自己去死的男人。那年小米才21岁。那个男人疯狂地追求小米，要小米成为他的女友。他对小米宣称，他爱小米，小米将是他一生的唯一，倘若小米不接受他，他便立即去死。

小米慌了，她为此害怕，甚至有些痛恨这个男人。为什么要以死相威胁？这样的追求怎能给她幸福？小米左思右想，明白这样的男人是极其自私的，他们在乎的只有自己的感受，从不会为对方着想。他的所谓的爱，不过是一己之私欲罢了。于是，小米一次次勇敢而坚决地拒绝了他。

多年以后，小米在餐厅中偶遇了他。他已经结婚，看起来十分甜蜜，身边的妻子也是一脸幸福的样子，脸上带着浅浅的笑容。小米心里暗自庆幸，庆幸自己当初的理智和坚决。

这个世界上确实有很多为情而死的男人，那是他自己真的不想活了，谁也挡不了他的去路。试想，一个男人肯轻易地放弃生命，你选择他又有何安全可言，有何幸福可言？他视生命为儿戏，动不动便以死相要挟，甚至能够“勇敢”执行，谁知他以后会不会为了什么鸡毛蒜皮的小事而放弃生命？最后留下来承受痛苦的只有你，而不是那个“勇敢”去死的男人。

不爱一个人就不要接受他，很多人都明白这个道理，但往往女人的心软，常常因此把自己推入遗憾的深渊。放弃该放弃的是明智，不放弃该放弃的是无知。身为女人，不要对一个不爱的人留恋，更不能因为同情或寂寞而接纳他。虽然拒绝一个欣赏自己的人是一件残忍的事，但无论如何，你一定要拒绝，这样是对彼此最好的交代。不要因为一时的心软而做出错误的选择。就算他用真诚打动了你，这样得到的感情未免有点勉强。时间长了，当你的真正爱情来临时，你往往只能错过，余下的人生路程还长，没有爱情的供暖，你将怎样熬过去？

痴情的女人们，面对男人哀求的目光，你要奉行一条行事准则：该放弃的一定要放弃，这并不是很难做到的事。如果你是一个理智的女人，不要以为有男人肯为你去死是件幸福的事情，那样的他只是一个懦夫，他爱的不是你，只是他自己。

我单身，我自由

人们总是说，女人能找到一百个理由说男人的不是，但也能找到一百零一个结婚的理由。而在如今的社会生活状态下，女人可以找到一百个结婚的理由，也可以找到一百零一个不结婚的理由。

单身生活并不是轻松的事，成本很高。至于收益，只有一个——自由。

好东西不用多，一个足矣。因为它可以衍生出许多。比如一个人早晨睡到自然醒，不用担心有人在旁边打呼噜或说梦话；节日没有一大堆姻亲应酬，独享恬静和闲暇；可以交往不同类型的异性朋友，只取精华，不要糟粕；还有，可以泡吧到凌晨三点；没人和你抢遥控器；不会被动吸烟；等等。最后，也是最重要的一点——不管何时何地，遇到自己喜欢的人，可以痛痛快快地去爱，不必克制自己。

单身的最大好处就是自由，不必受别人控制，单身的女人可以自由地选择朋友，女性朋友和男性朋友，单身的女人可以找个蓝颜做知己，在自己累了的时候借个肩膀靠一靠。

单身女人多是单身女贵族，她们是新的都市不婚族，她们往往受过高等教育，又或工作忙碌，又或昔日遭遇情感困惑使得她们对男人失去信心，种种原因使得她们成为新的单身女人，只是这样的单身女人，她们没有那些为生活所困的沧桑，她们的目的很明确，生活里只有自己，她们为自己而活，在她们的字典中没有艰辛的字眼，有的只是一种看破红尘的坦然。

31岁的李晶，是一家外贸公司的业务员，她平日里接触广泛，且性格开朗、为人热诚，找个不错的男友自然不在话下。但是，李晶却无奈地说："我经常在外东奔西跑本身就够累了，回到家又怎能去面对柴米油盐酱醋茶呢？况且经常在外与男客户打交道，没早没晚的，哪个男人受得了我这样的老婆，反倒大家都累。不结婚会有更多的私人空间，即使回家再晚也不用担心怎么向老公交代……"

一家广告公司艺术总监孙楚则认为，从大学毕业算起，自己苦苦奋斗了近20年，有了车子、房子和数十万元的存款。靠自己的能力她可以过得很好。选择伴侣的话，和她经济基础差不多的男士多选择年轻女子，收入比她低的男人，她又不愿意。在这两者之间，也许只有"不婚"更适合她了。

单身女人比有家的女人更多了些自由和时间，她们每天所做所想用不着去考虑别人的感受，只要自己喜欢就足够了，她们把大把的时间和精力放在自己身上，这使得她们更容易事业有成。

单身女人在人们眼中真是一道别样的风景。单身女人固然岁月峥嵘，但依然生气勃勃，她们爱美，爱生活，没有了牵绊的女人，更多了一分自在和惬意。

别给一个男人伤害你两次的机会

爱情是不允许犯错的，失去了就再也回不来了。已经走到尽头的东西，重生也不过是再一次的消亡。就像所有的开始，其实都只是写好的结束。

雅丽与男友分手已经三个多月了，而且还是男友提出来的。受到分手的打击，雅丽的生活有好长一阵子陷入低谷，做什么都提不起兴致，甚至为此还换了工作。

好不容易撑过了那几个月，男友竟然阴魂不散，主动打起雅丽的电话，并且时常和她聊一些生活琐事。最初雅丽还能够保持清醒，她理智地告诉男友，既然大家已经分手了，如果没有重新开始的可能，不妨只做陌生人吧。因为雅丽还爱着他，根本无法把他当普通朋友看待，更害怕悲剧再次上演。

但随着通电话次数越来越多，雅丽的防线终于崩溃了。接着而来的是没过多久，男友再次对雅丽开口，提出了分手。

女人总以为，男人在失去后就会领略到她的可贵，以为经过分手的挫折，他就会好好珍惜你。这是许多女人经常犯的最大错误。这些女人没有意识到，是男人真正爱着的，他根本不会让你从他手中溜走；溜走的对他来说不过是“鸡肋”，他只会在寂寞无人陪伴的时候想起你，而这种寂寞也并不常有。

所以，倘若他再次打电话给你，不要给他再次伤害你的机会，不要在感情中做一个可怜的弱者。挂掉他的电话，冷静地关机，找些其他事情来做。

复合的爱情十分脆弱，只能让女人多了份担忧，缺少了安全感。那些曾经存在于你们感情之间的问题，或许仍然存在，仍是你们情感的最大障碍。当一份爱不断受到各种威胁，维系下去还有什么意义？谁又知道哪天它又会被再次断开呢？

借来的肩膀不能靠

对于爱情，女人从来奉若神明，有爱就有一切，甚至以为可以包治百病。年轻的女人更是往往不顾及后果，只凭自己一时的感觉，即兴发挥出十二分的胆量，想到什么就去做什么。当女人遇到困难的时候，如果有一个肩膀可以依偎，就有了庇护，有了安全感，有了救赎的可能。所以，在女人失恋伤痛的时候，在女人异地分居孤独难耐的时候，在女人游戏人生的时候，在女人逃避现实的时候，心里总会有个想法：借个肩膀来靠靠吧。岂不知当你受伤的心依靠在他的肩膀上时，更多的伤害也就在此时开始了。

借来的肩膀也许会使你暂时获得心灵的安慰，但是借来的肩膀，都是有期限的。无论那段日子多么快乐，多么难舍难离，时钟敲响了，就要把他还给他的家庭。你可以迟一点还，却不可以不还。在这种借用的过程中，男人往往分得很清楚——这不过是借来的。但女人往往会迷失自我，千方百计想把借来的东西据为己有，最后只会让自己陷入情感的陷阱。借来的欢娱，总会让你付出痛苦的代价。你唯一能够永远霸占着的，只有回忆。

因为是借，爱情也就得短暂，就得居心叵测。没有爱的借，令双方都痛苦。所以，女人，当你难过脆弱的时候，请选好哭泣的对象，不要随便借肩膀和胸膛。不要因为寂寞而随手抓一个男人，那会让你遍体鳞伤。

因此，与其与借来的男人耗在一起，不如让自己优雅、从容地在他面前消失，给自己寻找属于你自己的肩膀的机会吧。当你失意时，属于你的肩膀可以承受你的眼泪；当你生气时，属于你的肩膀愿意容忍你的脾气……你应该清楚地知道，你的生活中需要的是一个能承受你重量的肩膀。

聪明的女人应该清楚地知道，你的生活中需要的是一个能承受你重量的肩膀。毕竟岁月不饶人，你还有多少时间可以为一个借来的男人浪费？与其去借个肩膀，不如找个属于自己的肩膀来靠。当你失意时，属于你的肩膀可以承受你的眼泪，当你生气时，属于你的肩膀愿意容忍你的脾气……

在霓虹闪烁的城市里，有很多女人在借来的爱情中沉醉。如果不小心真的陷进去了，形成事实的事实，这个时候，女人也用不着后悔，更不可将错就错。重要的是，我们能够理智快速地从中脱身。走错了，是要付出代价的，但是，越早走出来，就能让我们的代价付出的越小。长痛不如短痛，快刀斩乱麻，割断那一段错走的情缘，重新找回自我，找到属于自己的肩膀。

女人，不要总是让自己受伤

男人和女人对于婚姻爱情的看法不同。对于女人来说，婚姻是爱情最美好的归宿。爱情是美好、浪漫的和风花雪月的，但都比不上婚姻中的实在感。而对于男人来说，婚姻却意味着责任和义务。虽然只是一纸婚书，感觉却是完全不同。所以很多男人会很快和女人上床，却不会很快和女人结婚，即便他很爱你。

修是一个很优秀的女孩，各方面条件都无可挑剔。曾经，她对爱情的观点是：爱的时候要痛痛快快地爱，不爱的时候，也绝不拖泥带水。男朋友林很爱他，她也很爱林。大学一毕业，她便与男友林住在一起了。

时间一年一年地过去，修对林越来越依恋，想正式成立一个家庭的愿望也越来越强烈，而林却似乎始终漫不经心，觉得目前的生活状态很不错了，对于修关于嫁娶的暗示装聋作哑。修开始变得有些神经质起来，她一会儿怀疑林是不是喜欢上了别的女孩，一会儿又怀疑是不是自己不够有魅力。林被修的神经质也搞得快要崩溃了，最后扔给她一句话："现在不是很好吗？我爱你，但你别再逼我，否则我会离开你。"

修很伤心，也很困惑，难道对于男人来说，爱情就止于同室而居吗？如果当初不同居，林还会觉得"现在很好"吗？

人是一种很奇怪的动物，越是得不到的，越是感觉珍贵。当你把身心都给他的时候，你的悲剧就开始了。你以为你的美丽温柔可以征服所爱的男人，而男人要的不过是你的身体，最后的结果往往是一拍而散，女人带着眼泪离开，男人，只不过多了一份感情经历。

一个女人，在最美好的年纪，把最美好的青春给了一个自认为很爱她的人，最后却往往是一个没有结果的结局。对于女人，这无论如何都是一件痛苦的事情，在这种经历中，受伤害最深的往往是女性。

素素和阿基是工作时认识的，当时两个人都是单身，因为工作关系，两人经常接触，不知不觉地就爱上了。经过四年的爱情长跑，终于谈婚论嫁，打算组建一个家庭。新婚之夜，阿基没有找到床单上渴望的那一片红色。阿基是一个很传统的男人，在此之前，就算和素素亲热，也能把持住自己，没有做出过出轨的事情。他一直想的是：最美好的东西，应该留到最美好的夜晚，爱一个女人，更应该珍惜她。

新婚之夜，阿基的心情却跌落到了谷底。素素坦白过在此之前她有过一个交往了半年的男朋友，却没有告诉过阿基她和前男友已经有了那种关系。她自以为阿基那么爱她，是不会在意的。就这样，在新婚之夜，阿基开始追问素素，素素终于承认，以前和男朋友同居过一段时间。

阿基接受不了，自己的老婆过去和一个才交往了半年的男人同居过。于是在新婚之夜出去找朋友喝了个酩酊大醉。没过多久，两人就离婚了。

其实，每个男人的内心深处，都会或多或少地存在一些处女情结。也许他会跟你说不计较你的过去，但是如果他得知你那么轻易地就把自己给了别人，那么或多或少都会在他心里留下阴影，这种阴影对婚姻的影响，是长远的。

女人自己要明白，你坚守的不是那层处女膜，而是纯洁的爱情。如果你真的在乎自己心中对爱情的坚守，千万别急着上床，即使你这个时候可以确定他很爱你。要知道，爱情是很脆弱的。即使他值得托付终身，也不要轻易献身。

女人和男人在爱情和婚姻上面，本来就是不对等的。聪明的女人，不应该拿自己的后半生来冒险，即使爱到深处，即使你觉得此刻的这个男人可以让你托付终身，也不要急着上床。否则，你的爱情很快就会陷入被动。

做一个爱惜自己的女人吧，世上永恒的爱情并不多见，你也不一定就是那个幸运的人。否则，在爱情的游戏中，受伤的总是你。

赏析

金蝉脱壳的本意是：寒蝉在蜕变时，本体脱离皮壳，只将蝉蜕留在枝头。此计用于军事，是指通过伪装摆脱敌人，以实现我方的战略目标。撤退或转移，不是消极逃跑，而是保留形式，抽走内容，稳住对方，使自己脱离险境，达到我方战略目标，我方常常可用巧妙分兵转移的机会出击另一部分敌人。如果是与友军联合作战，则是偷偷溜去，打败另一处的敌军以后，再回到原来的阵地。在走脱的时候，“敌不敢动，友不生疑”。

金蝉脱壳，用来指人，是在危急关头，设法从某种境地脱身，脱身时，留下种种伪装，制造没走的假象，其时，人早已走了，因为有伪装和假象，他人还以为没有走。这实际是一种分身计。

对于现代生活中的女性，在自己的感情生活中，面对自己身边感情不到位或是已经没有感情的男人，在对方没有觉察而自己不想维持的情况下，要学会拒绝，学会巧妙地脱身，为自己找到充分的脱身的理由来说服他。从而摆脱对方，找回自己的自由身。

第13计

反间计：女人要有"蓝颜知己"

兵法原文

疑中之疑，比之自内，不自失也。

原文今译

敌我双方对垒时，在(敌方)疑阵中布(我方)疑阵，即反用敌方安插在我方的间谍传递假情报，使敌方内部自相矛盾，因为辅助来自内部，便不会导致自己的失败。

男人可以拥有"红颜知己"，女人也可以拥有"蓝颜知己"，不是为了和男人打个平手，而是男人最能明白男人的想法。女人如果能够很好地利用他身边的或是你身边的男性朋友，更多地了解一些男人的真实想法，这无疑是在男人那里安插了内线，从而更准确地把握男人的心思，才能真正做到"知彼知己，百战百胜"。对于有些他不愿意对你坦白的"Men's talk"，你就可以去问问你的"蓝颜知己"，很可能，你就能从他们那里找到答案。但是，有一点，女人们要注意，一定要把好"蓝颜知己"的度哦！

找个蓝颜做知己

在竞争激烈的今天，女性要承受来自多重角色的压力，在精神上其实非常需要一些强有力的支持。但是当恋爱中的女人或已走进婚姻的女人有了烦恼时，往往她不会再去同那些要好的女朋友说悄悄话，而是找知心的男性朋友去倾诉。这样的男性朋友就是女人的蓝颜知己。

有个男人做知己，是一个女人一生的幸运。知己的含义就是让对方彻底地了解自己。蓝颜知己可以从一个男人的角度和立场去帮助你、关心你。蓝颜知己，可以说是兄弟，是对方没有把自己当成女人，自己也没有把对方当成男人的关系。蓝颜知己是心甘情愿地为你分担苦恼，但没有性别意识的男性朋友；蓝颜知己是欣赏和尊重你思想的男人。

蓝颜知己不像爱人的朝夕与共，却在你最快乐和最难过的时候被你想起，想起时感到深深的温暖和慰藉；不像父亲的严厉，但对于你的偏激与固执，同样毫不留情地给你敲警钟；不像孩子般不通世故，但偶尔流露的孩子气的笑容让你感动……

蓝颜知己往往都是女性的死党朋友，认识的时间很长，也彼此了解而且信赖。你与这种蓝颜知己之间没有爱情，却又比一般朋友间多一份肝胆相照，更不用担心时间久了友情会淡漠。能做蓝颜知己的男人，必是男人中的极品。能拥有蓝颜知己的女子，必是女子中善解人意的聪明者。

如果能找到一位有思想、又能真心待你的蓝颜知己，女人的思想会出现质的飞跃。一个有思想的男人与一个有思想的女人进行交流和沟通，等于吸取了两性思想的精华。这对于两个人来说，都是非常值得珍惜的经历。

那么，什么样的男人可以成为女性的知己呢？

(1)才智过人的男人

这样的男人不论对你的事业还是生活都会有引领的作用，使你得到一个更好的看问题的角度，帮助你完善自我。

(2)健康快乐的男人

快乐的人是谁都不讨厌的，能够保持一颗健康快乐心的男人，他的人生必定是积极的。他会带给你快乐，帮你释放压力。

(3)情感单纯的男人

和单纯的男人相处，会让你放下戒心，比较容易投入。

(4)人品过硬的男人

和这样的男人交往，即便很亲密，也不会带来闲言碎语，干扰你本来很平静的生活。

(5)愿意倾听的圈外男人

处于不同的社交圈，自然会以旁观者的身份看问题，而不带有个人色彩，而且很多时候，你需要的也只是一个好的听众。

(6)淡泊名利的男人

以一种平静态度看人生、看世事，低调并不代表着不优秀；相反，他会带给你一些更从容的态度和启发。

(7)直言不讳的男人

这种男人绝对是知己的最佳人选，中肯的意见让你在一大堆“剪不断理还乱”中清醒。

(8)心地宽厚的男人

宽厚的胸怀比宽厚的肩膀更有用，当你举步维艰的时候，这种包容的温暖是无可替代的。

如果一个女人真的拥有蓝颜知己，不仅是女人的一种幸福，也是一种幸运。但要永远记得，你们仅仅是思想上的知己，仅此而已。

设立“蓝颜停损点”

现如今，人与人之间的关系变得复杂而多样，人们不再仅仅满足于恋人之爱、朋友之爱、亲人之爱，更多了一种知己之爱。这种知己之爱，指的是在情人之下、朋友之上的纯洁的没有肉体关系，却又胜于拥有肉体关系的感情。恋人之外不只会有第三者出现，还会有第四者。女人的第四者知己被称做“蓝颜知己”。

女人总有许多话不能告诉自己身边的男人，也不能告诉最亲近的女朋友，于是，她就想寻觅一个可以关心她、爱护她却又不会让她痛苦的男人。女人可以对这个男人讲述不能跟恋人或者其他朋友讲的任何话题，也可以对他哭诉自己的恋人令自己所受的委屈，因为是知己，所以他会怜惜你，会站在你的角度为你说话，会在你被伤害的时候给你温暖的安慰。

这个男人会懂得你的一切，哪怕叹息，哪怕哭泣。他静静地倾听，而不会刨根问底去探寻你哭的缘由，也不会嘲笑你的孩子气。他没有恋人的霸道或贪婪，他是一株静静的勿忘我，一点一点渗透女人的心。在女人哭完的时候，他会沉默半晌，而后很轻很柔地说一句，早点睡吧，别想太多，明天太阳又会升起。女人陡地觉得全身心都放松了，那是一种卸下千斤重担般的轻松。

每个女人，骨子里头几乎都有这样一种情结，想拥有个蓝颜做知己。他居住在她的精神领域里，他不一定英俊，但一定成熟、可靠、善解人意。蓝颜知己是可遇而不可求的，同时也是极其珍贵的。千万不要一时把握不好，将其与媚俗的情人相混淆。

因为蓝颜知己可遇不可求，所以，不要刻意去追求，那会让人误解成情感失落，而且，也容易掉进某些心怀不轨者的陷阱中。

因为蓝颜知己可遇不可求，所以，如果你遇到了，千万不要错过。一个真正把你当知己的男人，不会轻易说出他把你当做知己，只会在偶尔的时候偷偷告诉你他的一些想法，会在你幸福的时候给你一个小小的祝福，不会每天都打电活，也不会每天什么事情都汇报，他当你是知己，不会向你倾诉烦恼，却会在决定某件事情之前询问你的意见。他一旦被某个女人引为知己了，他就绝对会把距离拿捏得很准，让自己永远像一棵树一样，在女人的想象里繁盛，总也不会落叶。

有个男人做知己，对于女人来说，可能是幸运，也可能是女人一生的不幸。无论是男人还是女人，如果把握不好知己的“度”，二人的关系就可能会走向另一面。一个女人若想同蓝颜知己长久地交往，一定要做好心理准备，需要进行准确的自我定位，要对蓝颜知己没有任何其他杂念，只是想对他倾诉。

一个成熟的女人，对待知己的态度是不能暧昧的。女人应该明白知己与情人之间的差别。知己可以说心里话，却不能相互取暖，知己之间唯一的取暖方式只能是心灵的取暖，千万不能变成身体的取暖。一旦变成身体取暖，你就会面临两个结果，要么失去知己，要么将其升级成为情人。

假如有个男人很欣赏你的思想，那你一定要把握好你们之间相处的分寸，千万不要使这种难得的友谊误入歧途，免得到最后连个朋友都做不成。要知道，他既然很欣赏你的思想，他也会像爱你的思想一样，去爱别的女人的容貌、身材等。

蓝颜知己是种很危险的关系，稍微向前一步，就会失足出轨。如果一个男人主动说你是他的知己，记住一定要仔细观察，千万不要被虚荣冲昏了头脑，不要栽进这个男人玩了千百次仍然乐此不疲的游戏。

做朋友别做情人

聪明的女人，如果一个男人吸引了你，你千万不要去做他的情人。因为很多男人都太健忘，得到你之后，他会忘记你以前的灿烂与美丽，他会将目光移向别人而对你熟视无睹。情人之间太敏感，因为彼此距离太近而失去朦胧的美丽。情人的眼里揉不进一粒沙子，一粒在显微镜下才能看到的沙子也能将两颗细腻的心磨损。情人的角色就像春天最美丽的花，盛开得饱满，消逝得也迅速。

如果你欣赏一个男人，你可以选择做他的朋友，从你选择的那一天起，他便会对你刮目相看，他便再也忘不掉你。当你成为他的朋友，他会视你为一笔财富。他在你面前轻松自然，他在快乐与烦恼时会想到你。他会欣赏你的独立、你的思想，他会回味你的笑容、你的神韵，他会因你的鼓励而积极工作，他愿意让你见到一个因为成功而光芒四射的男人。

朋友意味着宽容，只要让彼此感到愉快就可以了。与男人做朋友是痛快淋漓的，你是你自己的，你和他之间也许有一种情愫，但这种感情不会让你迷失自己。你们都有各自的生活，你不会过多地要求对方，你也不会为他昼夜难眠。你会分享他的快乐、分担他的痛苦，你们会在一起喝酒，边喝边聊而不会觉得累。

当你欣赏一个男人时，最好远离情人的角色。因为他虽然能让你得到一时的快乐，却也让你背负永远的心痛。这时，做朋友才是你最聪明的选择。情人是沉重的，朋友却是轻松的；情人意味着眼泪，而朋友却是头顶的阳光。

赏析

反间计，就是在疑阵中再布疑阵，使敌方内部自生矛盾，我方就可万无一失。采用反间计的关键是“以假乱真”，造假要造得巧妙，造得逼真，才能使敌人上当受骗，信以为真，作出错误的判断，采取错误的行动。

最了解女人的当然是女人，同样的道理，最了解男人的也还是男人。婚姻本不是尔虞我诈，但也不是完全不讲究策略。要想把婚姻经营好，了解是至关重要的。婚姻中的女人尤其需要了解男人的心思，只有“知己知彼”，才能维护好家庭的和谐氛围。然而“知己”容易，“知彼”难，因为很多时候，男人不愿意直接告诉你他内心的想法，或者说他认为没有必要说出来，甚至他会认为即使不说，你也应该能了解。这时，如果你自己无法了解，你的蓝颜知己就能够派上用场了。需要指出的是，找蓝颜知己并非专门为了对付你的恋人，但是他的确可以帮助你进一步了解男人的心思，从而让你的爱情更加美好。需要指出的是，这种结果的前提是你和他仅仅是知己，是亲密的朋友，而绝非情人。

第14计

瞒天过海：悄悄"偷"走他的心

兵法原文

备周则意怠，常见则不疑。阴在阳之内，不在阳之对。太阳，太阴。

原文今译

如果自认为防备得严密周全，就很容易松懈大意，对于司空见惯的事情就不易引起怀疑。阴，指计谋，阳，指公开的事物。计谋往往藏在公开的事物内，而不是与公开的事物相对立。同时，公开的事物，又往往隐藏着计谋。

人们都容易对环境或者事物产生"惯性"，习惯成自然就会转为依赖。女人可以充分利用自身的优势，用自己的美丽大方、可爱优雅、温柔细心把他包围住，不知不觉中，他就会心甘情愿地上了你的"贼船"，这个时候，你已经顺利地"偷"走了他的心了。

爱美之心，男人都有

爱美之心，人皆有之，而男人更是好色。没有一个男人不希望自己身边的女人美丽漂亮。但是，能够天生丽质而且永葆青春美丽的人是少之又少。大多数人都没有那么幸运，父母给予我们的是一张普普通通的面孔，有些时候父母甚至也没有能给我们一个苗条匀称的身材，让我们看起来有些笨拙或是有些单薄。但是，同时我们又是幸运的，因为我们生活在一个宽容的时代，这个社会允许你发挥自己的个性。我们可以通过穿着打扮来让自己变得可爱起来，让自己普通的面孔变得漂亮，让自己的身材看起来迷人。

女人，要扮出自己的个性和特色，让自己看起来不同一般，把自己打扮好了，就不用再担心身边男友的目光会被别的女人吸引，相信这个时候的你，已经把身边的男朋友迷倒了。

1. 化妆是对别人的尊重和对自己的宠爱

每个女人都希望自己漂亮，希望自己有个性，希望自己的回头率高，希望自己在自己的圈子里能出类拔萃，希望自己能得到恋人的更多关注……然而天生丽质的女人毕竟很少，对于女人而言，化妆因此也就显得尤其重要了。化妆不仅可以使女人更加靓丽，更有个性，更可以使天性爱美的女人得到满足。

不论天生丽质的你对自己的素面朝天如何有自信，相信你仍抵挡不住梳妆台的诱惑。化妆是打造女性魅力的一门必修艺术，适度而得体的化妆，可以体现女性端庄、美丽、温柔、大方的独特魅力。

化妆包和女人是形影不离的，不同的人化妆包不同，里面的东西也不同。对于爱美的女人来说，化妆包内要准备什么化妆品，才不至于臃肿，而又能满足自己的需要呢？

冷暖两色的两支口红是必需的，另外别忘了准备一支护唇膏；一面微型且精致的化妆镜；冷暖不同色调的眼影；冷暖不同色调的粉底乳；冷暖两色的腮红；还有特别重要的补水保湿品，它可以给脸部皮肤增加一些水分；如果你是香水一族，还可以放一瓶体积比较小的香水在化妆包里；当然还要有睫毛夹、睫毛膏；最好还要有一套比较小型的保养品和洁面用品；手是女人的第二张名片，所以别忘了配一支手霜在化妆包里；为了在化妆时避免手上的细菌接触到面部皮肤，准备一些化妆棉和脱脂棉签也是必不可少的；美丽的妆容离不开整齐的发型，所以最后还要配一把小梳子。这些就足够描绘你的美丽了。

化妆之前，首先你要清楚自己的脸形、身材，要清楚今天自己要干什么。如果是去参加 Party，就应该表现出自己的个性；如果是去应酬，就应该表现得隆重和显示自己的身份；如果是去旅游，就应该随意之中透出自己的个性……而如果没有什么特别的活动，只是上班坐在办公室里，就应该化个淡妆，让自己看起来端庄、大方。

对于女人而言，化妆本来就是热爱生活的一种表现，很难想象一个对生活失去热情的女人会精心地打扮自己。化妆，不仅是对他人的一种尊重，更是对自己的一种宠爱，给自己的一方快乐药剂。化妆绝对是一门艺术，掌握好化妆这门艺术的女人，岁月不一定会缩水，年龄不一定会打折，但魅力肯定会乐于长伴长随。

2. 看“衣”识女人

都说闻“香”识女人，其实看“衣”同样可以识女人。女人穿衣有三层境界：第一层是和谐，第二层是美感，第三层是个性。

美是和谐舒适，而不是突兀勉强。西方学者雅波特教授认为，在人与人的交往互动行为中，别人对你的感受中有 9% 是注意你的谈话内容，38% 是观察你的表达方式和沟通技巧（如态度、语气、形体语言等），53% 是判断你的外表是否与你的气质相称。

一般而言，每个女人理想中的自己和现实中的自己都有一定差距，世界因为想象而美丽，表现在服装上那就可能是购买了那些不实用但很吸引你的衣服，从而造成经济上的浪费。女人买衣服时要满足三个标准：你喜欢的、你适合的、你需要的。不符合其中任何一个的都不要掏出钱包。让你买下一件衣服的理由应该是它很适合现在的你，而不是它看似划算的价格和那一块小小的商标。

衣服是附着于人的，没有哪个女人对自己的形象是完全满意的，了解自己的优点和缺点，绝对有助于你穿出独特的美丽。彻底了解自己是非常重要的基础课程，读懂自己的身材、气质、肤色很重要，这可以避免被一时的购物气氛迷惑，买回不适合的衣服。只要你真正地认识自己并读懂服装的语言，每个人都会成为最美丽的女人。

一个女人应该有自己的审美倾向，不应被千变万化的潮流所左右，亦步亦趋，而应该在自己所欣赏的审美基调中，加入当时的时尚元素，融合成个人品位。融合了个人的气质、涵养、风格的穿着会体现出个性，而个性是最高境界的穿衣之道。

衣服要与场合、年龄、身份、地位相适应：去朋友家做客时珠光宝气，虽然显出了你的富贵，却拉开了你和朋友的距离。穿睡衣去买菜的女人，虽然省了点时间，但却怎样都会让人不舒服，不知道沾了菜汁烂泥鱼腥肉味的睡衣回家后再怎么做真正的睡衣？寒冬腊月穿迷你裙，冻得面色青紫、两肩高耸的，这时候迷你裙也就没有美感了。

而对于职业女性，一件品质精良的白衬衫是你衣橱中不能缺少的，没有任何衣饰比它更加能够千变万化。白衬衫的性质决定了它在搭配上的灵活性和多样性，作为基本单品，白衬衫能和你衣橱里的很多衣服结伴而行，并随之变换出不同的风貌。

白衬衫的魅力就在于其以不变应万变的能力，帅气的牛仔裤也好，优雅的及膝裙也好，甚至是奢华气十足的晚装，白衬衫都能与它们和谐搭配，并且注入清新的校园气质，以简单风格最大限度地表达出你的魅力。

世界上没有丑女人，只有懒女人。从这个意义上说，每个女人都有成为美女的可能，只要你勤于修饰自己，打扮自己，谈吐大方得体，基本就可以成为一个赏心悦目的女人。

罗马不是一天建成的，没有人生来就特别会化妆打扮，穿衣打扮也需要学习和琢磨。你可以买几本你喜欢的报纸和杂志，定期阅览。不断改善自己的敏感度和判断力，时间长了，眼界自然会不同。

女为悦己者容

从来就素面朝天的梅，破例从头天晚上开始又做面膜，又贴眼贴。第二天清晨按捺住自己狂乱的心情，细细地梳妆打扮起来。这一切就是为了见那个男孩。

来公司一年多了，梅一直暗恋着这个男孩，却总认为自己是丑小鸭，从来不敢跟他多说话。这次是因为公司里的一项圣诞活动，两个人刚好被安排在一组。男孩还是那么帅气，浑身充满了阳光气息。见了梅，他居然有些傻了，第一句话居然是："梅，没想到你这么漂亮！"

这天的圣诞活动两个人玩得很高兴，这也是梅最高兴的一天。梅终于明白，原来自己也可以被人称赞为漂亮。

这个冬天的早晨跟以前也有了些不一样，梅每天洗漱完毕，都要仔细地把头发梳得一丝不乱，稍稍化一点淡妆，再穿上一套精心搭配好的服装，对着穿衣镜来一个自信的微笑，然后，才会出门上班。而这整个冬天，梅也一直被自信和快乐笼罩着。

接下来的一切也来得很自然，男孩对梅越来越欣赏，再以后就变得越来越疼爱，梅最终和这个男孩走到了一起。

女人为自己所爱的人去打扮自己，这是天经地义、自然而然的事情。爱美之心，人皆有之，为自己所爱的人打扮自己，取悦对方的同时，也给自己增加了一分自信。而你的魅力也许就在此时得到了他的认可，从而成就一段美好的姻缘。

年轻的女人们，不论你长得是否漂亮，都要大胆地把自己可爱的一面亮出来，因为这是一个张扬的时代，是一个需要自我表现的时代。

女人的可爱比漂亮更重要

女人，不是因为美丽而可爱，而是因为可爱而美丽。一个漂亮的女人往往不如一个可爱的女人更有吸引力。美丽是表象，可爱却在骨子里。那么，如何做一个可爱的女人呢？

要想让自己成为一个现代生活中幸福的可爱女人，就要让自己尽可能多地达到以下条件。

女人要热情：做女人一定要有热情，这是法宝。

女人要独立：现代的女人不但要有一份独立的工作，还要有独立的人格。

女人要自信：男人欣赏乐观自信的女人，渴盼男人赐予你幸福永远是被动而不安全的，女人学会自我拯救和自我完善永远是最重要的。

做事有主见：女人往往容易感情胜过理智，对待友情、事业、婚姻也是如此，这是女人的致命弱点。站在现实的根基上，能够清醒地审视自己、有主见的女人，不失为男人眼中可爱的女人。

女人要自立：千万不要羡慕阔太太，她们整天待在家里养尊处优。女人要像男人一样有事做，有事做的女人才有朝气。

有一点儿傻气：女人一定不要太聪明，因为太聪明的女人让人害怕。所以，女人最好是在聪明里带一点点儿傻气。

有一点儿灵气：女人要有一点儿灵气，灵气来源于你的智慧和聪明。

有几分高贵：女人的高贵并非指的是一定要出身豪门或者本身所处的地位如何显赫，这里的高贵是指心态上的高贵。高贵的女人往往会给男人生活信心和勇气，因为她们生命里潜存着一种净化男人心灵、激励男人斗志的人性魅力。

有几分浪漫：浪漫不是刻意的制造，而是一种心灵的感悟。假如一个女人到了60岁还能挽着老伴儿的胳膊去散步，这才是真浪漫。

要善解人意：聪明乐观的女人，往往都是善解人意的。她们尝试着让自己的心灵变得通达起来，让自己对男人更多一分理解和宽容，从而让爱在理解中走向坚固和永恒。

找一个你爱的人：一个女人最大的幸福就是找到了自己所爱的人。假如你已经获得了这份幸福的话，就一定要珍惜它。

做一个快乐的女人

在我们身边有许许多多快乐，只是女性们被种种诱惑迷住了眼睛，只要你撇开世事的枷锁，你便可以发现快乐、设计快乐、创造快乐。只要用一颗毫无功利的纯净之心去感受，快乐都会像雾像云又像风一样，时刻环绕在你的身边。

有这样一个故事：

一名记者在克里姆林宫遇见一位女清洁工，于是他便问道："你身为一名清洁工，而你周围都是一些达官贵人，难道你不感到自卑和不安吗？"这名女清洁工微笑地回答："普京总统的工作是为全国人民服务，我的工作是为总统服务，我为什么要感到自卑和不安？相反我感到很快乐。"

要想做一个快乐的女人并不难，只要体现一个女人的社会价值和自我价值，能时刻用微笑面对生活，在任何时候知足常乐，有颗感恩的心，你就会成为快乐女人。生活的快乐说到底，还是要靠自己，不管你愿不愿意，只要你想快乐，想让阳光永远普照着你，那么就需要你努力使自己做一个小太阳，能够自己为自已制造阳光。

快乐的女人是懂生活的女人，既积极进取，又达观知命。在苦难时坚强，在欢乐时谨慎。知足知不足，有为有弗为。而幸福，也就在这种不偏不倚中水到渠成了。

快乐的女人是每个人都会喜欢的女人。快乐的女人，不会给自己给别人带来沉重，快乐的女人就像一缕春风，给别人带来轻松愉悦的同时，自己也获得了快乐。快乐的女人身上有一种无形的光芒，吸引着你走向她。

女人快乐的时候最美丽，女人快乐的时候，自己感到轻松，也不会让身边的男人感觉到累。女人快乐的时候，也会把自己的快乐同时带给身边的男人，让男人也能感觉到快乐。快乐本身就是价值，在无偿带给他人快乐的同时，自己也就品饮了快乐的美酒。

赏析

"瞒天过海"之计，是一种示假隐真的疑兵之计，用来作战役伪装，以期达到出其不意的战斗成果。司空见惯的事物，很容易被人们忽视，在商业经营中，商家正可以利用这一点，来掩盖自己的真实意图，达到其推销产品、占领市场的真实目的。

而对于现代女性来说，"瞒天过海"之计，更多地被用在爱情生活中。女人可以充分利用自身的优势，用自己的美丽大方、可爱优雅、温柔细心把他包围住，在不知不觉中，把他的心给"骗"过来。

第15计

走为上：放手远去的爱

兵法原文

全师避敌。左次无咎，未失常也。

原文今译

为了保全军事实力，避开强敌，待机而动。虽退居次位，但也避免了灾祸，这并没有违背行军常规。

姻缘并非你所能够左右，并不是每一个女人的爱情都会一帆风顺，在一个女人的感情经历中，总可能有失恋发生。倘若他执意分手，又或者你们到了该分手的时候，那就别死拖着不放了，凡事都不应太强求，懂得退场也是一门艺术。努力让自己释然吧！或许那个真正给你幸福的人，正在不远的前方等着你。

无爱的时候全身而退

很多女人，在失恋的时候，迟迟不能走出这个其实对她来说已经是苦远多于甜的沼泽。因为无法放弃曾经有过的美好感觉，无法放下曾经拥有的执著，就会让更多不美好的感觉压在自己的肩上、心上，让自己和对方一起在痛苦中煎熬，何况能否惩罚对方还是一个未知数，但是自己绝对是被惩罚最深的一个，因为你剥夺了自己重新开始享受快乐和幸福的可能。

有一个词叫“全身进退”。指人不论在什么情况下，都能在付出的时候全心全意地投入进去，在离开的时候毫无牵挂地抽身而去。

全身进退，意味着在爱的时候，你要用尽百分百的感情对待，哪怕是争执，哪怕是吵闹，你也千万别不理睬。因为不理不睬意味着淡漠，意味着你的心里不再有对方的位置，意味着你们不再相爱！

晓慧的成长和生活就像小说里幸福的主人公：没上学的时候，是个听话的好女儿；上学的时候，是个成绩优异的好学生；该工作的时候，找到了一个满意的工作；该谈恋爱的时候，也有了一个自己很爱也爱自己的男朋友。生活就这样有条不紊但也精致绚烂地过着，直到有一天男友移情别恋，有了新的女友。

醉过、哭过、闹过、疯过之后，她开始反省自己，犯不着为了一次失恋这样作践自己，一个连自己都不爱惜的人，怎么能要求别人来爱你呢？想清楚之后，她开始改变。她想办法让自己忙碌了起来，除了更认真地做好工作外，还参加了健身俱乐部，有时间就去书店看书，去影院看自己喜欢的电影。三个月下来，晓慧失恋的痛苦消失得无影无踪，整个人轻松了很多，也健康了很多。

感情是脆弱的，有时不是你觉得难以维持，而是正当你像玩跷跷板一样享受刺激眩晕的爱情时，另一方却突然撤离了，让你在刹那间失重，一下子跌到谷底。这个时候，不管你多么在乎，多么放不下这段感情，都必须揩去眼泪，把自己打扮得漂漂亮亮地高傲地走开。果断地放弃是给自己一条出路，千万不要既丢了感情，又伤了自尊。

不爱了，就让自己全身而退。不爱他的时候，你一定要毫不犹豫地放下他，千万别回头或是在夜深时分还想着留条短信安慰他。你要知道，任何一点不干脆的情结，都会让他像一个溺水的人一样拼命拉住你的衣襟，以为牵住了最后的希望，让你无法彻底离去，把曾经美好的感情都拖累成厌倦。

现实的情况是，我们往往在付出的时候不够彻底，总是有这样那样的顾虑，百分百的热情似乎总没有像内心期待的那样出现过，它们都被消耗在了各种各样的顾虑里。同时，我们也往往在离开的时候不能潇洒地掉头就走，而是一顾三叹，余情未了，在决定离开的第一秒钟里就开始痛恨或后悔。甚至是在以为自己早已全身而退的时候，却在一个似曾相识的地方和时刻里不可阻挡地想起那个人。

当爱已远走，无论它是发生在自己或者对方身上，放弃和放手都是唯一的出路。时间是治愈一切的良药，它能帮你愈合你的伤口，让你敏感脆弱的心变得坚强，让曾经的伤痛随风飘去。如果你失恋了，受伤了，没关系，一切都会过去，一段时间以后，你又是一个美丽风光的你。

错失的，是不属于你的爱情

爱情对人生来说，不可或缺，但爱情并不是人生的全部。很多时候爱情是一件很偶然的事情，缘来缘去，谁也无法把握，是你的终归是你的，不是你的怎么也勉强不来。女人在一生的爱情课堂中，要经历、尝试的爱情很多，不要因为错失了一段美丽的恋情而后悔，或者自责，怪自己当初没有努力争取过。因为，那个你曾经错失的人原本不属于你，你又何苦劳心费神呢？就让他随着时间的推移渐渐远去吧。

很多人都听过这样一个佛学小故事：

从前有个书生，和未婚妻约好在某年某月某日结婚。等到那一天时，未婚妻却嫁给了别人。书生受此打击，一病不起。这时，路过一游方僧人，他从怀里摸出一面镜子让书生看……

书生看到茫茫大海边，一名女子的尸体一丝不挂地躺在海滩上。路过一人，看了一眼，摇摇头，走了。又路过一人，将衣服脱下，给女尸盖上，走了。再路过一人，过去挖个坑，小心翼翼地把尸体掩埋了。

僧人解释道，那具海滩上的女尸，就是你未婚妻的前世。你是第二个路过的人，曾给过她一件衣服。她今生和你相恋，只为还你一个情。但是她最终要报答一生一世的人，是最后那个把她掩埋的人，那人就是他现在的丈夫。

在前行的路上，你也许会错过许多，请你不要后悔，也不要因为他们而停滞不前，因为那个与你有着一世情缘的人，或许就在前面不远处等着你。

爱情就是如此奇特，总让你无法把握。女人们，无须为此过多劳神。是你的终究会属于你，错过的人哪怕你再爱，也终究不属于你。能够与你相伴一生的人或许就在你的身边，不妨放下身心的疲惫，好好体味生活，寻找属于你的那段姻缘吧。

喜欢一样东西，就要学会欣赏它，珍惜它，使它更弥足珍贵。喜欢一个人，就要让他快乐，让他幸福，使那份感情更诚挚。如果你做不到，那你还是放手吧，有时候，放弃也是一种美丽。

远去的背影也要充满尊严

回过头看看我们谈过的恋爱，回忆是不是美好，通常只有一个判断标准，那就是：如果你没有为了爱而牺牲你的人格与原则，如果你的爱人是个懂得尊重你的人，那就是一段“只要曾经拥有就很美丽”的回忆。

张小娴曾经在一篇文章中写过这样的文字：

女人搬到男人家里或跟男人同居，一天，缘尽分手，总要收拾包袱黯然离去。到了这一天，你会用一只怎样的皮箱把东西带走？曾经见过一个女人，离开男人的家时，是用一个回乡客专用的红白蓝胶袋收拾东西离去的，这个背影，多么糟糕！女人挽着一只皮箱，肩膀微微倾斜向一边，差一点儿就负荷不起，却仍然昂首阔步，头也不回。这个落寞的情景，是女人最后的尊严。一只适当的皮箱不可能挽回男人的心，却能挽回你的尊严。

不要做那种为了爱什么都无所谓的女人，如果你说为了他可以放弃一切，包括生命和尊严，那你的爱情也会更加迅速地背叛你。

恋爱中的女人一定要谨记：别轻易对男人说出“非你不嫁”的话，即使你真有这样的念头，也最好言行上收敛着点儿，因为那完全有可能成为男人轻视你的爱情的证言。

一个不把自己当回事的人，没人会把你当回事。什么都愿意放弃的人，没有原则，更没有自我，更别提什么独特的魅力了。

分手的时候，眼泪不能够感动爱情，用失去尊严、把自己毁掉也不能换回他的回心转意和怜香惜玉。女人在这个时候的死缠烂打，除了让他更加从心里瞧不起和厌恶你之外，不会有其他任何效果。你的离开对他其实是一种解脱，至于你选择什么方式，那是你的事，他没有兴趣知道，更不会因为你的声泪俱下而有丝毫的怜爱之情。

面临这种困境的女人一定要稳住阵脚，切记不能慌乱，更不能让男人看到你精神上的崩溃之举，如此一来，那你在他心目中的最后一点儿美感也将会荡然无存。当男人轻视重若千斤的痴情，只有那些因尊严而愤然离去的女人的背影，才能使他感到无言的蔑视。

赏析

走为上，指在敌我力量悬殊的不利形势下，采取有计划的主动撤退，避开强敌，保存实力，寻找战机，以退为进。

敌强我弱时，为了避免与敌人决战，只有三条出路：投降，讲和，撤退。而撤退可以说是三者中的上策。因为它可以转败为胜。当然，撤退绝不是消极逃跑，其目的是为了避免与敌方主力作战。另外，主动撤退还可以诱敌，调动敌人，制造有利的战机。

无论在哪个领域，多种势力在接触与较量的时候，进固然重要，但在很多情况下，退更为必要，也就是说，走为上，走得巧走得妙，就能保全自己，甚至保全与自己相关的许多人与物。此计体现在女性恋爱中，更强调女人在受到情感挫折时，懂得全身而退，退得潇洒，退得大度，退得有尊严。

第三篇

婚姻:女人拥有一生的温暖

第16计

围魏救赵：步入婚姻的爱情也新鲜

兵法原文

共敌不如分敌；敌阳不如敌阴。

原文今译

进攻敌人兵力集中之处，不如打击敌人兵力分散之处；对敌人进行强攻，不如采取后发制人。

当爱情达到某种程度的时候，人们会选择婚姻来将其升华，但是当婚姻渐趋平淡后，爱情仿佛也日渐消减。爱情没了，婚姻还有什么意义？怀着这种想法，越来越多的人开始认为婚姻与爱情是两码事，婚姻不但不能使爱情升华，相反还会葬送了爱情。因此，一部分人选择走出婚姻，去继续寻求理想中的爱情，殊不知，其实爱情就在婚姻中，只不过是我们自己忽视了。导致爱情消失的原因不是婚姻的平淡和琐碎，而是我们那颗被平淡和琐碎屏蔽了的心。围“魏”只是一种手段，其真实的目的是为了救“赵”。对于女人而言，对婚姻的经营也只是一种手段，其目的是为了“长期拥有新鲜如橙汁般的爱情”。

当爱情变为亲情

当爱情进入婚姻后，维系彼此双方的情感生活，就不再是当初的花前月下、卿卿我我，甚至海誓山盟，而成为了生死与共的责任和亲情。这时候，爱人会慢慢地变成亲人。爱情成为亲情，婚姻日趋平淡，有人会茫然不知所措，毕竟生活中的柴米油盐取代了花前月下和浪漫激情。

当我们习惯了生活中的柴米油盐，习惯了一起生活，习惯了一起守护如水的日子，习惯了彼此零距离的接触，习惯了激情退去后的平淡，甚至习惯了对方的一切缺点和不好的习惯以后，生活中再也没有了火热的激情，没有了心跳的感觉。这个时候的夫妻，彼此已像对方身体上的一部分，虽然感觉不到存在的必然性，但是当有一天不存在的时候，却会为之疼痛，哪怕是一点皮毛，这时候，彼此之间的感情应该是用一点点的关怀建立起来的，这种血肉相连的亲情，是人性中最为淳朴的感情。

我们不必因为生活的平淡而宣称爱情的死亡，用心去感受，还是可以从亲情中体会到爱情的滋味。男女双方因为爱走到一起，原本没有亲情的两个人之间，萌发了亲情，这难道不意味着爱情已经得到了升华吗？

不要让柴米油盐毁了婚姻的浪漫

我们总是会听到已婚男女尤其是已婚的女人往往会抱怨自己的爱人在结婚以后，不如先前对自己好了。而事实上，婚姻中的双方对彼此的态度和行为或许并没有发生变化，之所以大家会认为婚姻前后恋人对自己的态度有差别，是因为受到心理学上的大小刺激定律的影响：结婚前，两个人对彼此还不是非常熟悉，这时候，两个人之间互相不经意的接触，一个眼神，一句叮咛，一个热吻……都会让人铭记在心。而结婚以后，两个人彼此熟悉了，即使关怀还是一如既往，两个人的感受也不像当初了。很多人都在为再也找不到当初的激情而感叹“果真婚姻是爱情的坟墓”。

其实不是往日的美好和激情逝去了，而是因为婚姻中的男女在经过过去的激情以及结婚这些大的“刺激”后，夫妻间细微的体贴和亲密这些“小刺激”便显得微不足道了。

当爱情遭遇烦琐的家务，曾经的激情逐渐黯淡，夫妻间的矛盾也开始越来越多了。

一位外国女作家说过，情妇之所以吸引男人，最重要的并不是性感漂亮，而是因为情妇们不会用家务妨碍男人。很多时候，女人对家务确实看得太认真了。家里有灰尘，或衣服碗碟未洗，好像便要了主妇的命，甚至因此心情恶劣。可是在男人眼里，这根本不算什么。

有人说婚姻就是柴米油盐酱醋茶，而有人却觉得婚姻是吃着用这些东西做出的美味佳肴，然后一起享受清风明月般的浪漫情怀。幸福快乐与否，关键看你怎么看待、怎么选择。

结婚本是爱情的一种归宿，可是，如果你把家务看得太重，以至于使其凌驾于你们的感情之上，爱情就会变味儿。与其如此，又何必选择这样一种归宿呢？所以，面对道不尽的柴米油盐酱醋茶，我们真的应该把它们当做婚姻中的调味剂。

不要放弃对婚姻的期待

女人渴望爱情，女人憧憬自己的 Mr. Right 相貌堂堂、才华横溢、脾气温和、幽默风趣……没有哪个女人想嫁给一个没有能力、脾气暴躁的男人。但是，不论在什么样的情况下，女人都不应该放弃对婚姻的期待。

梁华一直想要嫁给一个经济实力和能力都不错的男人，但是，她周围的朋友很多人并不赞同她的想法。于是，在这种情况下，她约见了一个不是她想象中的一般的男人，这个男人工作一般，薪水不高，还有点大男子主义的性格。

随着见面次数的增多，两个人之间也慢慢产生了感情。“可能条件不是那么重要，也许我注定就要和这样的人结婚吧。”因此，梁华嫁给了这个自己原本并不怎么满意的人。

像梁华一样没有嫁给自己满意的男人的女人不在少数，她们也并不冤枉，因为，是她们自己把自己的身价降下来的，使自己的期待变为了泡影。

能够得到幸福婚姻的人，并不是只想着“我要有个好婚姻”就行。你还必须让自己成为一个只能喜欢好男人的女人，一个培养自己高贵的心理需求、对自己投资、努力充实自己的女人，将会有更多的机会得到好男人。

人在恋爱的时候，总是很挑剔，认为自己的恋人还不够完美，总相信下一个恋人将比这个好很多。由于他们心中总是怀着这样的期待，在这样的挑剔中，恋人换了一个又一个，直到有一天，才猛然发现自己年纪一大把了却依然孑然一身。并且，由于经历的恋爱次数太多了，对爱情已经逐渐没有了感觉。而这个时候，由于孤单、年纪、父母以及社会的压力，不得不选择了一个感觉还可以的人结婚。这样的婚姻缺少爱情的因素，当然也就谈不上保鲜不保鲜了。因此，聪明的女人不会给自己酿制这样的悲剧，她坚持宁缺勿滥，始终不放弃对婚姻的期待，不在将就中消耗自己对爱情的渴望，而是积极寻求真正属于自己的归宿。

赏析

“围魏救赵”讲的是战国时齐军用围攻魏国的方法，迫使魏国撤回攻赵部队而使赵国得救。后指袭击敌人后方的据点以迫使进攻之敌撤退的战术。其中，“围”是手段，“救”才是目的，要达到“救”的目的，就要先分散敌方的注意力。在商业谈判中，要想成功地运用此计，既要注意积蓄力量，等待时机，又得讲究“阴功吹火”，确实捅到对方的“软肋”，而避免“明火执仗”，过早地暴露自己。

围魏救赵对于女人而言，就是要正确看待婚姻与爱情的关系，要明白无论是婚前还是婚后，爱情都会贯穿其中。选择婚姻时，要以爱情为基础，经营婚姻时，要以爱情为目的。当婚姻中的琐碎和平淡来临，请仔细辨别，是爱情真的走了，还是我们的心蒙上了尘？若是前者，则可放手，但若是后者，则务必要围"婚姻"而救"爱情"，重新找回橙汁般的新鲜与酸甜。

第17计

釜底抽薪:真正理解男人的心思

兵法原文

不敌其力,而消其势,兑下乾上之象。

原文今译

两军对垒时,不直接迎击敌方的锋芒,而是以柔克刚,削弱其气势,从根本上瓦解敌方的战斗力。从履卦的原理出发,分离至刚至阳的乾的力量。

步入婚姻殿堂的男人和女人,在恋爱修成正果后自然会感到兴奋、欣慰和甜蜜。但是这种感觉不会维持太久,因为婚姻有太多的琐事需要处理,朝夕相处的两个人,就好比锅和勺,总难免会有磕磕碰碰,这是一个顺理成章的现象,因此婚姻中的男女不可因此就感觉爱情已逝,尤其是女人,当恋爱时的鲜花变成男人脱下的脏衣服,当恋爱时的咖啡变成一碗碗醒酒汤……请不要感叹“婚姻是爱情的坟墓”,其实婚姻一样会成为爱情的保鲜剂,就看你如何去经营了。如果你经营得好,那么柴米油盐虽不及恋爱时的花前月下来得浪漫,但也不乏其独特的温馨。所以,当你在婚姻中遇到了棘手的问题时,一定要认真分析问题的根源所在,找出问题的症结,再对症下药。就像这条计策给我们的启示:只要把给水供热的柴草抽去,锅里的水想不凉都不行。所以,面对婚姻中的诸多需要“冷却”的事情时,聪明的女人首先要做的便是去寻找那些提供热源的“薪”。试着用心去了解与你共同生活的那个男人，努力将爱情进行到底。

找到男人的软肋

每个人都有自己的软肋，男人也不例外！再强大的男人，如果被女人击中了软肋，也会在女人面前缴械投降。到底男人的心中最怕什么？男人有着怎样的潜藏的内心需求？从表面来看，男人怕女人比自己强大，比自己聪明。但是事实并非如此，在真实的现实生活中，真正担心女人比自己有钱、有地位的男人是极少数，大多数男人担心女人比自己有钱有地位其实是担心女人由此而衍生出的傲慢和脾气。

每个人都是矛盾的，对于女人，男人更是矛盾到了极点。他们既担心女人过于聪明，又担心女人太愚蠢。他们所理想的女人是聪明的，但是不能聪明到一眼就把男人的底牌看穿，他们理想的女人聪明中还需要愚蠢，但是又不能愚蠢到让男人觉得娶到你很不体面……当然了，每个男人的软肋都有所不同，身为妻子的你，倘若能够了解丈夫到底担心什么、渴望什么，并努力避开他担心的，积极朝着他渴望的方向发展，则男人的心将会永远在你这里停靠。

看过由姚晨和孙红雷主演的电视剧《潜伏》的朋友们都知道，孙红雷饰演的余则成同姚晨饰演的翠平显然是来自两个世界的人，但是余则成却深深爱上了翠平。

为什么余则成会爱上一个看起来不可能爱上的女人呢？

我们可以从剧中的一句旁白看出端倪：“左蓝给了余则成一种信念，而翠平更给了余则成这种信念的力量。”而这不仅仅是一个信仰，其中还包含了生活的力量以及继续战斗下去所需要的坚强。余则成也曾对翠平说：“你可能认为我很能干，其实我随时有准备背后挨上一枪。”这个男人自己也明白自己有软肋，因为他知道自己是人而不是神。在他看来，一个女人抱着失去父亲的幼小孩子度日会艰难得无法想象，但是翠平却对他说，她曾一次把二十多个烈士证发给那些寡妇，她们依然坚强，而不像余则成想象得那么可怜。她问余则成见过太行山的女人哭过吗？讲述那些女人坚强的过程，也体现了翠平的坚强，这种坚强是一种看不见的精神和力量，它震撼着余则成的心，猛烈地敲击着余则成的软肋，从这个女人身上，余则成看到了他从未有过的强大力量——真正的坚强！而这坚强的力量，正是在当时那种白色恐怖下，一个压力巨大的男人所急需的力量，因为余则成所承受的压力是难以想象的，这种压力极易让人疲惫不堪，让人动摇信念，而翠平的一举一动所表现出来的坚强，使得余则成能够及时补充力量，更加坚定信念，因此，余则成的心便逐渐向翠平打开了。

当然了，两个人有共同的革命理想，翠平本人也有持枪射击时的英姿飒爽，这都是使余则成爱上她的因素。我们在此不一一例举。我们想要说的是其中一个因素——翠平的坚强正中了余则成需要更多坚强力量这样的软肋。

其实，不仅影视剧中如此，真正的婚姻生活中男人也有很多的软肋，他天性怕寂寞，那就多与他分享热闹；他内心怕被外界打扰，那就给他更多独处的空间；他有极强的保护欲，那就不妨做只小鸟去给他被依恋的感觉……只要不逆着他的软肋行动，不做他担心的事，不说他忌讳的话，他就能感受到你的良苦用心，也会因此将你捧在手心。

别把丈夫当孩子

夫妻之间是平等的，即使你的丈夫没有能力和魄力，即使他会经常做错事，也不要把你的丈夫当孩子一样看待。把丈夫当做孩子，会让他感觉到没有得到应有的尊重，于是，有意无意地，他也会把自己放到不被你尊重的地位，做一些不能让你尊重的事情来迎合你的说法，以至于夫妻关系越走越远，甚至走向两个极端。

当你给丈夫纠错、挑剔他的缺点或者告诉他事情该怎么做的时候，在那一刻你好像自然而然地成了他的妈妈，也就是说你并没有把你当做他的爱人。当你指责他的举止行为时，他不会告诉你那时他感觉多没面子，他也不会告诉你其实你责备他时的口气与他十几岁时父母教训他的口气一样糟糕，那时他只想找个没人打扰的清静地方。他一定也不会告诉你，他感觉这样的你没有一点儿吸引他的女人气质，看起来与他妈妈没什么两样。

当你指出他做了个不明智的决定时，他就会拿出孩童时代的做法，在心理上产生抵触情绪，不再为达到目标做任何努力，因为他感觉自己永远不能达到你的要求。他甚至在潜意识中故意迎合你的说法，收回已经做出的努力。

当男人们感受到不被尊重时，他们便会躲着你。在你对丈夫变得顺从以前，他也许会没完没了地看电视或看书。你的丈夫也许会用打高尔夫球、疯狂工作许多小时或者在车库里修理旧车来打发时间，无论怎样，他们都觉得那要比和你相处有意思得多。

尽量去尊重你的丈夫，这样他会变得愿意陪伴你，而且你要时刻提醒他（还有你自己），你的确是嫁给了一个充满智慧且能干的成熟男人。

用理解来支持男人的事业

陈小春有一首歌唱得好——《爱得好累》：女人不该让男人太累。虽然你是我的一切，也别让我感觉爱你很可悲。爱得好累，真的好苦，从来听不见你一句赞美，从来听不见你一句安慰，就算我做的都白费，至少自尊让我保留一点；爱得好累，真的好苦，我不怕辛苦，可是怎样你才满足？爱得好累……

社会，赋予了男人太多的压力和责任，家庭的、工作的、社会的……这些责任和压力都要求男人勇敢、坚强，有责任心！但是，男人一样也有血有肉，有思想，有苦衷。男人也需要依靠，也需要诉说，更需要理解。

有很多男人，正是因为有了女人的理解，才获得了事业上的成功，所以说理解是爱的至高境界，是男人事业成功必不可少的因素。浏览古今中外的名人传记，可以发现，妻子的安慰和鼓励、支持与帮助，对他们的成功起着至关重要的作用。

亿万富翁刘永好的妻子就是一个理解丈夫的伟大女性，而她的理解是刘永好四兄弟创业成功的一个必不可少的因素。

刘永好是教师，他的妻子李巍是医生，家里的生活也算是可以了，而且两个人都有一份稳定的收入，工资虽然不是很高，倒也安稳，平静。

当初他们决定养鹌鹑时，很多人都不能够理解。而且，随着他们养的鹌鹑越来越多，鹌鹑蛋的销路也成了一个大问题。无奈之下，刘永好就和三哥两个人开始跑市场，沿街叫卖。但是，他总能够撞见自己的一些学生，这让刘永好感到非常尴尬，甚至认为这是一件让人感到羞耻的事情。

此时，李巍站出来安慰丈夫说："永好，抬起头来！甭管别人怎么看，怎么想，经商并不下贱。在西方社会，衡量一个男人成功的标准，就是要看他能挣多少钱……"

妻子的一席话，给了刘永好极大的鼓励，因为那时对刘永好来说，支持、鼓励和理解比什么都要重要。

最后刘永好辞去教师工作，全心全意地做起了鹌鹑生意。一路走来，李巍一直都在鼓励、支持着丈夫。从1982年春节的1000元起家，到1988年，仅仅6年的时间里，他们挣了1000万元。

当一个男人为了事业拼搏，情绪低落时，女人应该学会理解男人,哪怕是一杯热茶,一碗稀粥,抑或只是静静地陪他沉默,或者一言不发地听他诉说,但是最重要的是,你要理解自己的男人。

赏析

釜底抽薪,语出北齐魏收《为侯景叛移梁朝文》:“抽薪止沸,剪草除根。”锅里的水沸腾,是靠火的力量。水烧开了,再兑开水进去是无法让水温降下来的,最根本的办法是把火熄掉。沸腾的水和猛烈的火势虽势不可挡,但产生火的原料薪柴却是可以接近的。此计用于军事,是指对强敌不可用正面作战取胜,而应该避其锋芒,削减敌人的气势,再乘机取胜的谋略。

现代社会的女人们,应该懂得“牵牛要牵牛鼻子”的道理,把自己的精力用在最关键的地方。一旦抓住了主要矛盾,将主要矛盾解决后,其他的一切问题也就会迎刃而解了。

此计对我们在婚姻生活中的启示便是,婚姻是男女双方的事情,婚姻的基础是两个人相互信任、相互交流。但是很多时候,婚姻中的男女并不能够做到把所有事情都摆出来共同讨论一番,尤其是男人,他不像女人那样把鸡毛蒜皮的事情和想法都抖落出来,更多的时候,出于某种不愿让家人担忧的责任感或是性格原因,他宁可自言自语,也不愿意去告诉妻子。这时,女人一定要冷静,猜猜男人的心思,但是却不能胡乱猜忌,而要做一个真正的理解男人、体谅男人的解语花。

第18计

空城计：给男人点儿颜色看

兵法原文

虚者虚之，疑中生疑，刚柔之际，奇而复奇。

原文今译

兵力空虚时，故意做出防备虚空的样子，就会使人疑虑重重。在敌众我寡、敌强我弱的紧要关头，用这种以柔克刚的手段获胜，这是奇法中的奇法。

女人之于男人，是相对弱势的。正是这种弱势，使得不少女人成为男人的附庸，对其言听计从，甚至不敢有丝毫反抗。然而，很多时候，女人求全式的忍让并不能令男人认识到自己的过失，相反，很多处于恋爱和婚姻中的女人，日益发现身边的男人对自己越来越冷漠。这时，如果男人对你真的已经失去了感觉或兴趣，那就该做个了断。当爱到不能爱、聚到终须散的时候，要懂得适当的时候，给男人一点儿颜色看，勇敢地远离他一段时间甚至义无反顾地走出他的“围城”。一旦家里唱出“空城计”，让他下班回家后独自面对的是一个空荡荡、乱糟糟的房子，而没有嘘寒问暖的爱人、没有热腾腾、香喷喷的饭菜。或许，这时，他才能意识到没有你的家，会变得如此了无生气。

如果男人“嫁”给了工作

男人工作繁忙，被冷落的女人很容易产生很多莫名的猜想。这种时候，倘若你对婚姻有信心，就要相信婚姻中没有什么不可以解决的问题。如果男人的忙碌确实超出了你的期待底线，那最好还是果断地明确表态。

男人以忙为理由，不来探望你的病情，不回你的邮件，不关心你的现状，不能和你承担生活的重负，无法给你勇气。这些都说明一点，忙确实是个理由，也确实是个借口。

所谓的没有时间打电话，不过是觉得打给家里的电话不太重要而已。处理工作上的事情，约会朋友，联系喝酒的场所……一天他要打无数个电话，但他却没有心情给家里打个电话。

时间都是挤出来的，男人再忙，仍旧有时间来关心你，他是否抽出时间关心你，关键在于他有没有意识关爱你。重视爱人与家庭的人，自然会预留恋爱时间。

所以，当你面对的情敌是他的工作时，你首先要做的是让他知道你在想什么，你希望从他身上得到什么。

别把自己困在婚姻的圈子里

美满的婚姻是每个女人最向往的一种奢求，幸福而完美的人生，因婚姻的坚定而绽放美丽的光彩。婚姻是女人生命中最重要的一道风景线。对女人来说，婚姻是一张繁琐的答卷，也是生命中最复杂、最凝重的一种幸福。女人会用一生的精力和心血，智慧和热情，寻找最完美、最得体、最圆满的答案来谱写它，用一生执著的爱来经营它、耕耘它。

小旭和丈夫是经人介绍认识的，当时感觉还可以，不久两人就结婚了。婚后的生活一直平平淡淡,几年后有了一个孩子,现在孩子长大了,无牵无挂了,回过头看自己的婚姻,值得回味的东西很少。就在她审视自己婚姻的同时,丈夫有了外遇,她没有太多的伤心,但却不想离婚,原因很简单——害怕。一是因为自己的工作一般,分开了自己的生活也许会不如现在,再就是自己年龄大了,离了婚以后,也许会找到一个相伴一起的,但也不一定有现在的好。与其折腾来折腾去,还不如就这样过下去。

如小旭一样的情况,在生活中并不少见。难道女人就一定要把自己困在婚姻的圈子里吗?没有婚姻,女人是不是就不能生存呢?

其实,越来越多的事实证明,女人的生存能力并不比男人差,越来越多的“女强人”出现在我们的周围,她们在工作中同样有着骄人的业绩,她们不会把婚姻当作毕生的依靠。也有越来越多的女性选择独身,她们有自己的事业,有自己的追求和理想,婚姻不再是她们唯一的归宿,这样的女人没有了婚姻的束缚,活得更自信更美丽。

女人完全不必把自己困在婚姻的圈子里,如果实在不幸福,不妨走出来。冲出围城,你会发现,外面并不总是狂风暴雨,有更加精彩美丽的人生等着你去享受。

情感独立,是婚姻的意外伤害险

无论男人女人,都要致力于成为一个愿意为了长久的幸福枕戈待旦的人。即使我们可以摒弃整个世界,沉迷到两个人的世界中,我们也要对恋人传达信息说:即使我爱你爱到我会闭上眼睛睡着,我的梦也会提醒我是靠在悬崖边的树上。这是唯一可以避免自己稍不留神跌落到深渊里去的方式。

女人总会容易爱得没有自我,越是在乎就会越没有原则,最后慢慢纵容男人的一切坏习惯；可是男人却不会因此而感恩戴德，反而习惯你的付出，甚至会觉得你很烦，很没有个性，开始变得不尊重你了。

而男人总会把自己的变心或者厌倦，都归罪于女人。女人为家庭做出了牺牲，当起了家庭主妇，他会说你不修边幅，甚至不愿意带你出去，怕你丢了他的面子；而女人坚持有属于自己的事业，男人又会说你不顾家，不是一个称职的老婆。

婚姻中的女性，不断完善自我是重要的，积极调剂婚姻生活也是重要的。但是，婚姻不幸福的真正的症结不是女人强了还是弱了的问题。以男人做参照，始终是女性的误区，以男人为标准，女性的那些调剂婚姻生活的技巧越多，越没有效果。

婚姻中单方面的过度付出，不仅会使另一方习以为常，而且还会使其水涨船高地提出更高的期望。习惯仰视男人的女人一定要切记，当你高昂着爱情的头颅仰视男人时，男人正在俯视你。你仰视的角度越大，你们之间的差距就越大，爱情的基础就越脆弱。婚姻是势利的，如果你不能齐头并进，他就以此为借口另外找个人跟他并驾齐驱。爱情人格完全不平等的男女之间，不可能有真正的爱情。

杨澜说："女人，要对自己负责。"无论在身体上、情感上、经济上，还是精神上。女人在经济上独立不算彻底独立，要感情上独立才是真正的独立！

婚姻生活中的双方，如果能做到情感独立，就仿佛为婚姻投了一份意外伤害险，我们祝愿自己永远得不到保险的回报，但我们却一直心甘情愿继续投保。即使有多年的婚姻惯性依赖，我们在扪心自问的时候，也敢对自己说：在我的生活中，不会有天塌地陷的感情故障。

赏析

空城计，是一种心理战术。在我方无力守城的情况下，故意向敌人暴露我方城内空虚，敌方产生怀疑，并因此而犹豫不前。因为敌人怕城内有埋伏，怕陷进埋伏圈内。但这种策略有很大的风险。因此，此计多数情况下，只能当作缓兵之计，还得防止敌人卷土重来。所以还必须有实力与敌方对抗，要救危局，还是要凭真正实力。一定要充分掌握对方主帅的心理和性格特征，切不可轻易出此险招。

现代社会中，处于婚姻中的女人，在你身边的男人对你越来越冷漠、越来越没有感觉的时候，不妨大胆地走出去，试一试这一险招，给他点儿颜色看。当然，你自己也一定要心里有底，确定他会因为你的"空城"而改变，同时，你自己还要做好充分的心理准备，预防他万一识破你的计谋会让自己弄巧成拙。

第19计

欲擒故纵：男人是女人狩猎的动物

兵法原文

逼则反兵；走则减势。紧随勿迫。累其力气，消其斗志，散而后擒，兵不血刃。需，有孚，光。

原文今译

副迫敌人太甚，就会遭到反扑，若暂时放松追击，任由敌人逃跑，反而会削弱敌人的气势。对于逃跑的敌人，要紧追，消耗其体力，消磨其斗志，但不可过于急迫逼近，等敌人兵力分散时再去擒拿，这样不经过血战就可以取得胜利，按《易经·需》卦的演推方式等待，让敌人相信还有一线光明。

男人是女人狩猎的动物，女人要想将男人俘获到自己的爱情网中，首先要做到的就是纵，欲擒故纵，是女人最终网到男人的手段。而在纵的过程中，女人还要注意把握好纵的度，既要给他自由和空间，让他完全拥有自我，又不能完全放纵，让他感受不到重视，体会不到牵挂，从而让他或蓦然伤心或了无情趣地走开。而要让他像你手中的风筝一样，可以自由飞翔，线却永远在你手里。

给他一点空间

人与人之间是需要有距离的，给自己一片天空，也让对方有一份自由，对彼此都好。夫妻之间的距离，就像刺猬一样，太近了，就会彼此扎着对方；太远了，又不能互相取暖。这其中的度，只有身在其中的女人自己来把握。

为了婚姻的幸福，女人常常勤奋而痴情地吐出情感之丝，将男人网在自己的世界里，像藤缠树那样不肯给他半点活动的空间。但网来网去结果往往是适得其反。男人尤其是已婚的男人是非常渴望自由的，只要给男人以足够的自由和信任，他们就能很容易和女人相处得亲密无间。

给男人一个与同性朋友消磨时光的空间。男人很少能够做到像女人一样天天圈在家里却心旷神怡，他们需要更大的活动空间。放他去和同性朋友一起玩乐的结果，往往让他会更加快乐地回家陪你。

给男人一片和其他女人交往的空间。男人天生喜欢寻找和欣赏异性身上的美，但并不是所有的男人都见一个爱一个。事实上，对女人有好的欣赏力的男人，倒多半会很好地爱妻子。

给男人一片情绪调整的空间。男人在一生中不可能永远一往直前，大多数男人总会有周期性情绪波动和行为上的调整。鞭打快牛的结果往往适得其反，男人并不总是需要激励，在男人不求进取时保持适当沉默是一种宽容。

有人说女人的手段高明。她要剥夺男人的自由，阻止男人有自己的生活方式，都是在男人不知不觉中进行的。结了婚的男人常有被女人监视的感觉，即使是在看书的时候，都感到女人在盯着他，这使他们难以忍受。有时候他们想去打打球，也要事先打个腹稿才敢开口，生怕伤害到她。

很快的，男人就步入了对过去的嗜好失去兴趣的阶段，而完全变得懒懒慵慵——生活就是早上去上班，下班便回到她身边。男人会因为女人无限增加的"拥有之爱"，开始毫无理由地对任何小事都感到内疚。

其实,人与人之间交际的最恰当距离是若即若离,夫妻之间也不例外。夫妻间长期的耳鬓厮磨,免不了要产生一些疙里疙瘩,如果不保持干燥,会产生潮湿与霉变,对婚姻的保鲜会起副作用,因此需要保持一些"若即若离"的"干燥粉",才能吸附一些不利的湿气。"若即若离"的功效,在于保持干燥的距离,即结了婚也保持恋爱时双方的相对独立性和自由度,反而会激发相互间的吸引力。

尊重他的隐私权

真正聪明的女人从来不会试图去控制男人,男人的心思她也不会捕风捉影地去瞎猜。聪明的女人会与丈夫之间保持一定的距离,她们懂得丈夫需要一些自由,需要一些空间,需要一些尊重,需要一些……聪明的女人不会给自己的婚姻上枷锁,她们知道,婚姻是锁不住的。

恋爱时,齐奇主动要把自己的初恋向女友 Lisa 坦白,聪明的 Lisa 拒绝了。Lisa 说,每个人都应该有自己的秘密,我寻找的爱情只有你的现在和将来,我对你的过去不感兴趣。因为你的过去不属于我。

走进二人世界后,Lisa 依然给齐奇和自己各留一方自由的空间:家里的一张书桌有 3 个抽屉,Lisa 给齐奇一个抽屉一把钥匙,自己也有一个,中间一个抽屉放家庭内共有的东西。从邮箱里见到齐奇的信件,Lisa 从来不拆不问,听到电话先问找谁,从不先问对方是谁;每月发工资后,除各出 80% 用于家庭开支外,其余的由个人支配……

齐奇曾问 Lisa,这是不是 AA 制。Lisa 说有点像,但不全是,只是每个人都拥有自己的小天地而已。Lisa 的苦心得到了回报,齐奇和 Lisa 的爱情更加稳固了。

每个人都有或简单或复杂的过去，不想说出的是心口的痛。不要千方百计地去问他最不想说的事情，不想说自有他不想说的道理。他有保留守护自己私密空间的需要，有交朋友和交流的需要，也有情感的需要。每个人都非常珍视自己私密的心灵空间，聪明的女人要想进入男人的私密空间，唯一的通行证是真诚与理解，而不是靠窥探和审问。

对男人的隐私，女人最好不要去碰。不要责骂别人，也不要试图从他的手机里，从他的聊天记录里找出一点蛛丝马迹，这是没用的。即使你看到了什么，也只会凭空给自己增加烦恼，相比之下，何不试着做一个快乐的傻子呢？

夫妻是两个合作的个体，而不是共同体。每个个体都应该给自己留一个空间，保证自己最不想让人知道的、最柔软、最脆弱的地方不受伤害，这样的婚姻才能和平持久。男人也是用来疼和爱的，男人也是需要感情交流的。多给他一点关心，让他感觉到你的温暖。

躲开他，让他回来找你

有人曾说过，结婚后的夫妻关系就像两极相斥的磁铁，你越接近他，他就跑得越快，你越离开他，他就追得越紧。婚姻关系确实如此，如果一个女人一味地以家庭生活为主，一味地依赖丈夫填补寂寞，那只会让男人麻木，家庭生活也逐渐失去激情。

夫妻是两个独立成熟的个体，两个人在一起，应该使两个人生活的更加独立、更加快乐，但这并不意味着原来独立的自我消失了。

女人不应该把男人当成生命的全部。过度依赖男人，女人会让自己慢慢地与社会脱节，与社会的接触面一天天萎缩。如果有一天，男人不再或不能为你办事时，恐怕女人已经连办事的程序、起码的待人接物都要重新学了。万一某天,男人变心弃之而去,女人的世界就会崩塌,更不知要沉沦多久才能重新找回自我。把男人当做自己美好生活的砝码和重心,这不光是女人的悲哀,也是男人的悲哀。由于把男人当成了自己的全部,男人就需要承担的更多,他会感觉被束缚、被缠绕而又无可奈何,直到有一天,他不能再承受时,男人会选择逃避和离开。

女人,要善于寻找自己的生活,要为自己寻找诸多兴趣,如听音乐、看电影、看球、健身、跳舞、上网、旅游等,这都能让女人找到个人生活的乐趣,从而感知自己的存在,实现自身的价值,活得惬意而从容。

男人只是女人生命中的一部分,是人生路上与自己携手并肩的同行者。嫁给他,他并不是你的全部。男人和女人的关系应该是互相依赖、互相帮助,是并肩而立的两棵树,而不应该是把男人当成树,女人就像藤蔓一样缠绕在上面。女人的世界里除了男人、孩子和家庭,还有自己的事业,自己的爱好,自己的朋友。

女人在拥有自己生活的同时,不仅保持了自我的独立性,还让男人反过来对你刮目相看。女人一旦保留了一份自我的生活和空间,就会把更多的兴趣和时间放到自己的事情上,而男人有时候会因为你的暂时远离而感觉有些许的紧张和不适应。这个时候的男人,会主动反过来找你。

婚姻中,到底谁来控制谁

晚饭后,先生习惯性地拿起电视遥控器,换到自己喜欢的财经新闻频道。太太洗完碗,兴致勃勃地说:"今天有情感大剧首播,一定要看!"闹着去抢先生手中的遥控器。先生牢牢地握紧遥控器。太太坐到一边,闷闷不乐,为什么在这芝麻点儿小事上他就不能迁就一下,"凑合"着跟自己一起看看电视剧?

相信这样的境遇，在很多家庭中都出现过。其实，在家庭里，遥控器只是一个道具，这个道具在先生和太太心里，却意味着不同的内涵。遥控器上的每个按键，似乎都在指向先生内心害怕失去的某些领地，因此，他需要通过遥控器来增强控制感。而在太太看来，抢夺遥控器，只是为了引起先生的注意，找到自己内心的被接纳感。

男人的控制感，其实是害怕失去的心理投射，可能是害怕失去被女人依附的感觉，也可能是担心失去心理上的优势和主角地位。

这种遥控意识体现了男人心理上的原始满足感，他希望自己成为家庭的主体，而把女人好好地安放在自己创造的盒子里。先生抢夺遥控器的一些细节，其实都是他希望拥有遥控感的心理体现。

太太抢夺遥控器，潜意识里是希望得到先生的关注，体现了女人希望被接纳的心理需求。在女人看来，抢遥控器的重点不是看哪个频道，而是两个人要一起玩，有共同话题，不然怎么叫两个人生活在一起。

女人不需要维护自己的领地，而是选择一块强大的男性领地，希望融入其中。女人天生就比男人缺少心理安全感，女人期盼得到接纳，成为男人领地的一分子，而她最害怕的，就是被拒绝和被忽视。当太太提出的要求总是得不到满足时，她仍然有选择别的领地的自由，她会变本加厉，甚至继续探测，继续寻找。

其实，男女之间，并不存在谁遥控谁的问题，而是各司其职，各取所求。男人的目的在于扩大领地，赢得女人的长期依附；女人并不担心失去领地，只是害怕被拒绝，需要被接纳。

女人往往不太了解男人的遥控心理，女人希望入侵男人领地，能以最快的速度引起他最高的关注，不过，这时的关注可能意味着“戒备”，而你，也可能成为他的“敌人”。结果适得其反，让他更加固执于自己的领地和守护方式,遥控器自然就成了先生的"牧羊犬",有它在,女人休想靠近他的领地半步。

爱的原则是沟通和理解,而非争夺和顶撞。如果两性之间无法达成良好的沟通,这种心理上的剪刀差,将会成为婚姻中的一道暗沟。所以,不妨时时往对方心里瞧一瞧,给婚姻生活搭座桥。因此,小心手中的遥控器,它随时都可能成为一个定时炸弹……

喜欢拥有遥控感的男人,即使自己犯了错,也不会轻易认错,只会静静地、无辜地看着女人,希望她尽快消气。试着宽容他的无理取闹,试着先分享他的爱好,再提出自己的要求,这样,很多愿望将更容易实现。有时候,女人不妨把你身边的男人当成一个贪玩的孩子,其实,他心里知道该坐哪班地铁踏上回家的路,只是不太喜欢被遥控。

赏析

"擒"和"纵",是一对矛盾。从军事上讲,"擒"是目的,"纵"是方法。要想捉住对方,不如暂时放松一步,使敌人丧失警惕,斗志松懈,然后再伺机而动,一举取胜。

在职场谈判中,大多数人都期望快速达到自己的目标,而忽略了对方的想法,所以,双方往往争执不下,最后以失败而告终。如果能在谈判开始,先稍微让一让,让结果看起来更有利于对方,让对方丧失警戒心理,然后再趁对方不注意,以迅雷不及掩耳之势,把局势扳回来。

"欲擒故纵"的计策,除了用于职场谈判,也被广泛用于爱情角逐中。女人对于自己的追求者,对于身边的那个男人,展开欲擒故纵的姿态,在适当的时候,放逐他一下,给他一点自由,给他一点空间,然后,再迅速收网,让全无防备的他,乖乖地进到你的爱情网中。

第20计

隔岸观火：以静制动，坐收渔翁之利

兵法原文

阳乖序乱，阴以待逆，暴戾恣睢，其势自毙。顺以动豫，豫顺以动。

原文今译

从表面上回避敌人的混乱，却暗中等待其内部发生争斗，一旦其内部反目成仇，就会不攻自破。我方再顺其自然，相机而动，自然有所得。

爱情是两个人的事情，而婚姻是两个家庭的事情。在婚姻生活中，面对你心爱的男人身边的女人，包括他的母亲、姐妹，抑或是他的红颜知己乃至情人，都有着易结难解的心结。同为女人的你，会经常地主动或被动地被卷入一场又一场战争中。这个时候，女人一定要学会冷静，一方面要冷静观察他身边的女人，在她（她们）掀起波澜时，自己能够冷静面对，不愠不火，坐观其变，以静制动；另一方面，如果自己也被卷入其中，更要防止冲动行事，避免自己成了别人行事的工具，造成“鹬蚌相争，渔翁得利”的结果。

给情敌一个台阶

任何一段婚外情,只要一开始,就伴随着伤害。女人能做的只能是如何让这种伤害降到最低。要想留住丈夫的心,必须理智,这种理智包括对丈夫的理智和对情敌的理智。

有不少女人,都会遇到影响夫妻感情的情敌。无论是你的丈夫自己招惹的情敌,还是对方主动上门,每个女人都会对其恨之入骨。其实,对待情敌的态度最容易看出一个人的个性与性格。

沈冰聪明漂亮,善解人意,是机关公务员。老公文杰温文尔雅风度翩翩,是一家企业的老总。他们结婚已经4年了,有一个可爱的女儿,这个幸福的家庭让很多人都羡慕不已。

不料有一天,沈冰发现了老公的私情。

那天,沈冰本来是要出差的,却鬼使神差地把一份很重要的文件忘在了家里。无奈,她请出租车司机调转车头往回走。

刚到家门口,还没来得及下车,正准备给文杰打个电话,却看见他打开房门,接着一个女人慌慌张张地走了进去,文杰又迅速朝四周观察一番,确定没人注意,才很小心地关上房门。那个女人沈冰认识,是文杰的下属,名叫艾琳,就住在她家对面那幢楼房。

沈冰顿觉头嗡的一声,差点晕过去,当时就想毫不犹豫地冲进屋内,当面戳穿他们的隐情。但是,她很快冷静了下来。她相信,文杰只是一时糊涂,他仍然深爱着自己。但是,她也绝对不会装聋作哑,那样自己要承受这份痛苦不说,还会让文杰越陷越深。不如给他们一个台阶,让他们自己掐断这份私情。

整理了一下纷乱的情绪,沈冰果断地掏出手机,拨通家里的电话。“老公,我把文件忘在床头柜上了,你把它找出来,我请艾琳来拿。”艾琳就是那个女人。不等文杰回答,她挂机又拨通了艾琳的手机:"艾琳,麻烦你到我家里拿一份文件送给我,好吗?我现在就在门口等你。"

很快,艾琳出现了,满脸羞愧和尴尬。沈冰接过文件,给了艾琳一个很优雅的笑容,说声:"谢谢!"然后让司机开车走了。

事实证明,她的做法是明智和正确的,从那以后,文杰再也没有越过雷池半步,他们之间仿佛不曾发生过一点不快,他们的生活更加幸福了。而艾琳自从断绝与文杰的交往后,对沈冰也是充满了感激和尊敬。有一次她对别人说:"沈冰是我见过的最聪慧、最宽容的女子。"

每一段感情都应该获得尊重,只是发生的时间、空间和地点可能不对。所以,对你的情敌,可以不要采取太极端的方式,世间真正视感情为儿戏的人并不多见。对待情敌,要学会以柔克刚,让情敌看到你的温和而不是破口大骂,这是你自身素养的体现,也让她感觉到你的能量和魅力。更重要的是,你的行为也会在你的老公眼里有一个评定。

面对婚外情,面对情敌,要做一个聪明的女人,要善待自己,要学会用一些温和的策略来挽救感情中的挫折,使自己和他人都少受伤害。如果遇到婚外情,如果你还深爱着这个男人,你还不想失去这份感情,那么,先不要冲动,先让自己冷静下来,试着给他一个台阶。

试试情敌所开的药方

《圣经》上说,要感谢你的敌人。很多人不明白为何是敌人,却还要去感谢。其实道理很简单,敌人能够让我们看到自己的弱势,从而使我们有针对性地采取措施,挽回错误。婚姻中的女人会有很多敌人,其中情敌最为危险。当女人遭遇了情敌,最好先别去给对方赏耳光,从对方身上寻找一些优点吧,或许那正是你的丈夫没从你那里得到的。

常红偶然打开了丈夫的邮箱,却发现了丈夫的外遇。丈夫的外遇叫方世月,她给丈夫邮箱里的一系列的留言有:你别忘了吃药啊,不要熬夜哦,想着我;今天晚上的月亮可真好啊。你心情还好吧,想我了没?别太劳累啊……

那个晚上,她脑子一片空白,她不知道自己要怎么样。最后,她做出了一个大胆的决定:她要和这个女人谈一下,她想知道到底输给了一个什么样的女人,自己在哪方面可以补救。筹划好后,她给那个姓方的女人回了一个邮件,并留下一个请求:"如果方便的话,我想和你谈谈。希望不要拒绝。"她想通过与那个女人的沟通来找出症结所在。

两个人一见面,就直奔主题。原来,方和常红丈夫是同一个单位的,可是由于部门不同,平常只是点头之交。有一次偶然在一起吃饭,那天常红的丈夫咳嗽得很厉害,她在一边递过一块纸巾,说了句:"我知道一种药效果不错,门口有药店,买一点试试吧。"于是常红的丈夫赶忙去买了药,果然不错。后来,他们回家时正好同路,也就顺便聊上几句。谈话间常红的丈夫听说她家的太阳能热水器坏了,一直不能用,于是就好心地去帮她修。

常红的丈夫喜欢花,那天他看到她家养的满屋的花时,眼睛都亮了,他像找到了知音那样惊喜。此后,他们来往就多了。

听完对方的陈述,常红反思自己,平时对丈夫的爱好总是嗤之以鼻,对他栽的那些花儿从不正眼看一下,更没想到去细心地浇浇水。有一次丈夫出差半月,回来时最心爱的一盆君子兰已枯死了。他心疼不已。常红还漫不经心地说:"不就一盆花儿吗?再买就得了。"

常红提出要去方家看一看,对方很爽快地答应了。方的家虽小,却布置得满园春色,仿佛进了花的海洋。

常红回去以后,给丈夫写了一封长信。信中没有责问他的外遇，只是说自己输给了一个女人，而且输得心服口服。

她告诉丈夫自己想出门远游一段时间，整理一下自己的感情，如果可能的话，他们会重新生活在一起，如果丈夫有更合适的人，她可以放手，只要他喜欢，她毫无怨言。尽管主意已定，常红还是忍不住泪流满面，但她还是打点行装，挎上背包出发了。她要去一个很远的地方让自己安静一下。她留下信没有再与老公联系，而是静静地等待着事态的发展。

一周后，常红体验到了大自然的乐趣，也心满意足了，收起心，她打电话给熟悉的朋友。朋友告诉她丈夫找了她很长时间，整天茶饭不思，人都老了一截。她又拨通了方世月的电话，刚一接通方就猜到她是谁，温和的声音很快传过来："姐，请你不要挂电话，你的老公现在很痛苦。最近总是在自责，说是自己毁了婚姻，他对不起你。我也明白了一个事实：他是你的，我只是他生命中的一个过客，我不会跟他生活在一起的。姐，回来吧，我也衷心地祝福你俩幸福一生！"

丈夫的一次意外出轨，使常红明白了婚姻的真谛，常红差点犯了一个错误，她很感激方世月给了自己很多教导，尽管自己也许不会改变太多，但她从另一个女人身上学会了不时挂在嘴边的微笑，学会了要给丈夫一个家的温馨。

婚姻的房子里住着谁

在婚姻中失败的男女，总是抱怨找错了对象，其实是他们一开始就没有弄明白，在选择爱情的同时，也就选择了一种生活方式和一种生活背景，是这种背景下的生活方式中的琐事，决定了婚姻的和谐。使婚姻变得心灰意冷精疲力竭的，与其说是明火执仗的外敌入侵，不如说是家庭里繁琐小事的纠缠。许多人以为婚姻简单的只是嫁给一个人，从没有想到还要嫁给那个人身后的背景。

结婚前，觉得爱情是两个人的事，可以什么也不顾地爱得死去活来，爱得轰轰烈烈。但结婚后情况就大不一样了，婚姻不再仅仅是两个人的事，而是两个家庭的事。你一旦接受了这个人，也必须接受他的家庭。

刚刚结婚的女人要学会宽容，学着忍让。不能再像小孩子那般的任性，那般的猖狂。

一位单身母亲与女儿相依为命。女儿大学快毕业时和同班的一个男孩相爱了，男孩来自农村，家中还有一位含辛茹苦的寡母，他是个遗腹子。

母亲在见了那个男孩并得知男孩的家庭背景后，便断然拒绝女儿和他来往。

然而，毕业时，女儿不顾母亲的坚决反对，只给母亲留下只言片语，便义无反顾地跟着男孩来到他的家乡，匆匆地跟男孩结婚了。成家后，男孩把他的母亲接到了家里。

随着岁月的流逝，曾经光鲜的爱情渐渐被生活的琐碎销蚀得瘦骨嶙峋，而幸福却始终是遥远而抽象的幻觉。想起当初母亲的坚决反对和自己的义无返顾，她开始后悔起来。她突然有了想见母亲的冲动。

女儿身心疲惫地回到母亲家里，看到母亲的那一刻，她泪雨滂沱。母亲问："是不是他爱另一个人比爱你更深切？"女儿点点头。"是不是他总是站在那个人的立场上而置你的感受于不顾？"女儿又点点头。"是不是他对那个人言听计从总是让你受尽委屈？""是的。""那个人让你怨恨让你妒忌却又无可奈何？""是的。""那个人就是他的母亲，对吗？"

女儿疑惑地看着母亲，她想不出母亲怎么会未卜先知。母亲叹了口气，说："你父亲也是独子，由于我和你祖母间婆媳关系的冲突，导致了夫妻关系的恶化。使原本面对面的两个人，不得不变成背对背，从我这面镜子中我看到了几年后的你。一个和自己亲生母亲都无法沟通的人，我不知道她又如何去面对一个守寡几十年的婆婆，这是我竭力反对你与他交往的原因所在。”

“妈，我想离婚。”女儿说。

母亲一言不发，拿起一个橘子，递到女儿手里。看着女儿剥下橘皮，扔在一边，说：“我们想要的、想吃的仅仅是那金灿灿的橘瓣，可是橘皮和橘瓣却是作为一个整体出售的，无论你愿意与否，它们总是紧密联系在一起的。就像婚姻，不单单是和你喜欢的人结婚，还要与你爱着的人的背景联姻。你不仅要爱你喜欢的人，还要爱与他有关联的人。因为你爱的人不光属于你，他还属于他的父母和朋友。婚姻的质量不是由婚前爱情的幸福指数决定的，它往往取决于你与他家人相处的态度。”母亲拍拍女儿的手，“如果你还爱着他，就学着去接纳他的家人，学着包容忍让。”

爱一个人，就要爱他的全部，包括他的优点和缺点，包括他的家人和朋友，包括你不喜欢吃的橘皮，包括属于他的一切。

不要在丈夫面前抱怨婆婆的不是。即使是丈夫首先开口说他妈妈不好，你也必须坚持沉默是金的原则。婆婆和你，好似一对矛盾体。作为儿媳，你不可能对婆婆没有意见，比如她对你教育孩子横加干涉，比如她过多地教育她的儿子，因为这个儿子现在已经是你的丈夫，所以引起了你的不满。可是你只能把这些不满藏在心里。

聪明的女人嫁人前要把对方的家庭看清楚，不是说看清楚之后分手，而是看清楚之后明白自己该如何处理这种情况。如果婆婆是寡母，儿媳妇要特别的慎重。作为一个独自带大儿子的妈妈，她的心理需求非常强烈，因为她没有别的释放的地方，唯一释放的地方是儿子。所以，聪明的女人不要试图阻止婆婆对你丈夫的爱以及向他索取的爱。

爱情是两个人的事情，爱情的世界里容不下第三个人。但婚姻不是，婚姻的房子里不仅住着你与自己的老公，而且还住着两个大家庭十几口甚至几十口的人。聪明的女孩在结婚之前一定要明白这个道理。

凡有责任心的男人，婚后依然会对大家庭有几分惦念。如果你想阻止这种牵挂，就会影响到你的婚姻。聪明的女人会理解老公的这种情怀，爱他就关心他的家人。不要试图让老公断绝和婆家的关系，他属于你，也属于他的家人。不要在老公和他人面前议论婆家的不是，不要试图和婆婆拉开距离。要知道，婆家也是你婚姻的重要组成部分。

赏析

隔岸观火，就是“坐山观虎斗”，敌方内部分裂、矛盾激化时，要静止不动，让他们因互相残杀而削弱力量，甚至自行瓦解。运用隔岸观火之计不应是消极等待、观望，而是要充分掌握竞争对手的矛盾，加速对策两极转化，从而尽早取得成功。

隔岸观火的精髓是，要先袖手观望，看火势发展，等待火势蔓延，从内部烧垮敌人的有生力量，坐收渔翁之利。

时下，越来越多的女人成了婚外情的受害者，也有越来越多的女人成为婆媳大战的主角。其实，女人何苦为难女人呢？聪明的女人不会让自己卷入这样的纷争中。她们会用智慧和理智来俘获男人的心，同时也守卫了自己的幸福。冷静的女人知道如何面对情敌对丈夫的纠缠以及丈夫对情人的依恋，知道如何理解丈夫对他的家人的照顾，不去撕破脸皮地与情敌拼命，不去不知好歹地与姑婆争宠。这样的女人，会因为她的不争，而使得无人能与之争。幸福美满的婚姻必然是她的囊中之物。

第21计

偷梁换柱:不动声色地入主他的生活

兵法原文

频更其阵,抽其劲旅,待其自败,而后乘之。曳其轮也。

原文今译

多次变动盟军阵容,暗中抽调盟军阵容的主力,等待它自己败落,然后再乘机将其控制或吞并。这就好比拖住了车轮,车子就无法运行了一样。

当交往中的男女从激情趋向稳定,就是占有欲冒出头的时候。太强的占有欲会让对方喘不过气来。但是,若是完全不做表示,他可能会误以为你不重视这段感情,或是让别的女人误以为有机会插足。聪明的女人善于运用自身的影响力,从一点一滴的小事做起,逐步用自己的关心来代替他自己的行为,让他的衣食住行到处都沾染着你的影子与气息,让自己变成他生活的一部分,最终让他无法离开你。

女人,从纯洁走向成熟

人生这个大舞台上,有的女人热诚善良、虚心谦逊,有的女人则尖酸刻薄、矫揉造作;有的女人细腻谨慎、临危不乱,有的女人则粗心草率、畏难苟安。一个女人的命运如何,生活是否幸福美满，事业是否通达顺畅，乃至悲欢离合的遭遇，都源于其个性的完善成熟或缺憾。

善良、宽容、大度、体贴，这是一个成熟女人的首要条件。善良的女人，赋有净化灵魂的使命，能使身边的每一个人感受到她的友善，她会像一曲久经锤炼的乐曲一样让周围的人感受到心灵的净化。

成熟女人是智慧的，智慧是成熟女人身上的贴身软甲，她是不凡阅历、勇气和常识的结合体，智慧的女人是无往不胜的。

成熟女人是坚强的。坚强的女人，能把贫困的生活演绎得充满乐趣，能把迷茫的感情把握得不偏离轨道。

成熟女人是勤劳的。勤劳的女人是可亲可敬的，她用自己的纤纤玉手为社会编织出纯洁的童话和美丽的世界。

成熟女人是有才学的。有才学的女人既好学又聪明绝顶，她有灵气，能品味和欣赏人生，她知道只有不断地学习才能完善自己，有才学的女人才能称得上完美的女人。

成熟女人矜持、自尊自爱，懂得把握自我，懂得把握分寸。女人一定要自尊自爱和矜持，不要放纵自己的感情，这不是体验生活，更不是放逐自己的个性。

成熟女人还应该是有品位的女人。俗话说，漂亮的女人不如可爱的女人，可爱的女人不如有品位的女人，有品位的女人不一定有多漂亮，但她一定是个有内涵的女人。女人要懂点艺术，懂点书法、美术、乐器，并要懂得思考的艺术。

成熟女人是有吸引力的女人。女人要有涵养，除了发自内心的自信心、懂幽默、爱浪漫、喜欢刺激及冒险外，还要懂得留有一份神秘感，这样才有吸引力。

成熟不是一种标志，也没有明确的标准，但它无疑标示着一个人的个性和思想。如果你还不是一个成熟的女人，要趁早修炼自己的魅力，尽快让自己从纯洁走向成熟。

让感情从厨房开始

打开男人的心有两条通道:一是感情通道,二是食道。有句老话说的是,要留住男人的心,先留住男人的胃。男人通常喜欢吃,但又懒得花心思,所以有个会做饭的老婆,男人通常会当宝贝一样珍惜。

要想控制男人得先控制他的胃,走进厨房,不仅可以整理自己的心情,还可以把爱融入其中。可口的饭菜是男人永远的惦记,即使外面很精彩,爱情亲情也会在厨房里延续。一个男人吃惯了你烧的菜,一旦离开了你,肯定有一万个不习惯,即使外头的食物再香,他也会贪恋老婆烧的家常小菜。

在现代社会的激烈竞争中,个人能力和职位不再与性别有关,多少女人把自己包裹在职业装里,隐藏起从前的柔弱和娇嗔,用干练和硬朗去与男人打拼。但是,时尚女人们却忽略掉自己的性别身份,忘记了女人味的艺术?会做饭,而且能做出一桌可口饭菜的女人,才是一个充满女人味的女人。

不会做菜的女人是不完美的,即使她很美丽。聪明高贵的男人可能会被她美丽的外表所打动,同样会被她的不食人间烟火吓走。

"出得厅堂,下得厨房",不仅是许多职业女性的追求,也是男性对理想中的妻子的期待。它意味女人不但在外面要是一个交际广泛、工作能力强的女性,回到家还能进入厨房做得一手好菜。

一个女人,如果她喜欢下厨,她做的每一道菜都令老公吃得津津有味,这起码说明她疼爱老公、珍惜家庭、热爱生活,她的爱情生活,也必定是幸福的。

美国一位美食作家说,如果你想在厨房里悠然自得,最好的办法就是跟在某个人的身边学,而那个人通常就是母亲。在跟随母亲得到烹饪秘诀的同时,你其实也得到了生活的智慧。做饭的全过程,从取材、配料,到煎、炒、烹、炸,再到让老公心甘情愿地陪做、洗碗,你已经取得了五味人生的真经,幸福的滋味就这样一路传承下来。

男人遇见一个入得厨房的女人,是他的福气;女人若遇见肯为她下厨房的男人,也是她的福分。聪明的女人还懂得在适当的时候让男人下一下厨,让他也体会一下女人的辛苦,若不然肯定会助长了男人的大男子主义。

女人热爱厨房,说到底,是缘自于对爱你的人和你爱的人的爱。因为爱他,所以你就会想着法子让他快乐,让他的胃口快乐。从这方面说,爱厨房就是"悦人",能悦人的人自然也是因为别人能悦自己——他们因为你的厨艺而快乐,当然也因为你而快乐,他们的快乐当然也就是你的快乐。一个女人,能因为爱厨房而悦人,自然也能悦己了。

聪明女人的"笨"办法

婚姻需要经营,女人就如婚姻花园中的园丁,经营好花园需要花很多心思。但是,花心思并不是耍心计,有时候,一些很简单很笨的方法,却能恰到好处地让你的婚姻花园里鲜花遍地。

女人的善良、温柔、勤勉最能打动男人的心。婚姻中的女人如果有了这些好品行,就可以带着男人走基本步了。寒冷的冬天,给爱人熬一锅热汤;温暖的阳光下,给爱人缝一粒纽扣——不要小看这些小事,你在这些小事上具有的能力和表达出的爱意会提升家庭的温暖度。即使你有钱请保姆,但你对丈夫的爱心是别人无法替代的。所以别管恋爱时男友怎么说,结了婚,丈夫心里想的都一样:好妻子就得有这样的品行和功底。

营造实实在在的浪漫。女人都希望在婚姻生活中继续保持浪漫，但千万不要把恋爱中的浪漫版本搬到婚姻中来。比如，有事没事给他打电话；牵着他的手在风中、雨中散步；在他生病需要休息时，一个劲地给他朗读爱情诗。再比如，一天一套新时装；没隔几天就换发型……丈夫肯定是吃不消的。

恋爱中的女孩可以仙得不沾人气，婚姻中的女人就不同了，连浪漫也要给人一种实在、一种深扎入骨的感觉。一个浪漫的妻子会在把家收拾整洁的同时，再去追求一份摆设的美感。平常，她不必天天去美容院。不必在家也精心着装，但外出时，尤其是在丈夫的朋友、同事面前，她一定是最优雅、最美丽的，这样才会给丈夫带来一种实实在在的幸福。

爱他，就大声告诉他

爱在我们的生活中，一直在发着讯号——有些是自知的，有些则不自知——这些讯号有的人感觉得到，有的人却感觉不到。如果你感觉到了，不要羞于开口，向你所爱的人大声地说出你的爱，用这种方式表白自己，等于开启了沟通的大门。不要等待，现在就做吧，这样做也许会改变你的命运。

有一对结婚近60年的夫妇，每次妻子切面包时，总是把最后那块给丈夫，有一天丈夫终于忍无可忍，厉声吼道："快60年了，为什么每次切面包的时候，尾部的最后一刀那块总是我的，你怎么不自己吃？"妻子吃惊地看着平日温和的丈夫如此地愤怒，惊呆了，好久之后才小声说道："我以为那块是最好的，我一直喜欢最后一块。"丈夫听完这句话时眼泪已经流满了脸庞。60年来，妻子一直把自己认为最好的留给丈夫，却从来不说出来，以至于两个人彼此误会了60年。爱，为什么不说出口呢？

爱，就要打开你的心门，让它自由地流淌，让对方看得到、听得到、感受得到。

对于你的爱人,如果爱他,就大声告诉他,让他时时生活在你的爱的包围之中,让他感觉到温馨和温暖。直到有一天,他感觉离开你就会觉得冷,他就再也不能再离开你了。

人的一生是一个相互关心、关爱的过程。语言的交流就显得很重要,因为每个人"爱的需要"是多方面的。不要让别人只是用"猜想"知道你的关爱,而是要让对方时时感受到你的心意,这就要靠你自己用嘴巴告诉对方。

学会对你身边的人,说出你对他的爱吧,那远远胜过你的一个眼神,你做的一件事!你要让你所爱的人知道,无论他身在何方,你都深深地爱着他!

赏析

梁和柱是建筑结构中作用最大、选料最精的部件。因此,梁和柱除了被用来比喻其他事物的关键与精华部件外,还经常用来比喻国家和社团里重要的、关键的、优秀的、起中坚作用的精英人物。偷梁换柱,比喻通过使用手段,暗中更换事物的关键部分,从而改变事物的性质和内部。

人们都很容易对环境或事物产生惯性,习惯成自然就会转为依赖。对于婚姻生活中的女性,要想让自己心爱的男人一直处于自己的监管之下,就需要用一点儿偷梁换柱的小计谋,透过一些小事多多互动,让对方习惯于生活中有你参与,让他的衣食住行到处都沾染着你的影子与气息,让你变成他生活的一部分,使他无法再离开你。直到某一天,他发现,生活中不能再没有你。这样,无论到什么时候,他都会是你的。

第22计

李代桃僵:将代价控制在最小限度

兵法原文

势必有损,损阴以益阳。

原文今译

当局势发展到必然有所损失时,就应舍得用局部的损失,换取全局的胜利。

爱情刚开始的时候,总是甜蜜而又浪漫的,不小心就会让人失去判断力。都说"男人不坏,女人不爱",对于男人的坏,需要有一个评判的标准,如果你身边的男人的的确确是个"坏男人",你千万不要以为,他就是需要你爱的"坏男人",你可以用你的深情去打动他,或者用你的宽厚去包容他。作为女人,你一定要记住:爱情的付出也像投资理财一样,需要设立"停损点",对他的包容要适可而止,不要把自己的青春浪费在这样一个"坏男人"身上,让自己付出的代价控制在最小的限度。

当丈夫有了婚外情

婚外情也是情,也可能充满浪漫、激情和缠绵。很多时候,一些婚外情只是一时的冲动,自会自然冷却消亡。现实当中,很多的婚外情并不是婚姻破裂的真正杀手,而是家人和亲友采取的不正确或极端的方式使双方的矛盾更加激化，使婚姻迅速瓦解。

假如，一顶“绿帽子”已经扣在头上了，你该怎么办呢？错愕、愤慨、憎恨、绝望都在情理之中，然而，即使眼泪鼻涕再模糊你的视线，脑子也不能乱成一团。

有些人把离婚当成唯一有效的解决方法，但依然不能彻底消除被羞辱的愤恨。即使勉强容忍，没有离婚，也会耿耿于怀，想起来就和丈夫吵闹，“冷战”“性惩罚”是最常用的武器。本来是为了让自己心理平衡，出出气，使丈夫吸取教训，然而丈夫更容易因为缺乏家庭温暖而生“叛逃”之心。

对女人来说，离婚虽然有时候未必是坏事情，但离婚其实是一种逃避，而且可能是又一个麻烦的开始。

女人在家庭生活中，能够维持感情、营造幸福生活的最终力量，不是美貌，不是浪漫，也不是成功的事业，而是一个人的性格魅力。这种魅力是一个人最吸引人的个性特征，而它的底蕴在于一个女人的宽容。

当然宽容也不是没有底线的，虽然在很多时候宽容都体现在妥协、忍让和迁就上，但它更深刻的内涵却是爱、是真情。在相爱中，爱人应是我们的一部分，是爱的一部分，在这个前提下，甚至于婚姻的错误有时也会成为一种营养，它的意义不是教会我们如何谴责，而是教会我们如何避免。

世界上的事情，都要具体问题具体分析，情感婚姻更是如此。离婚还是原谅，要看实际情况。如果丈夫的婚外情只是一时的冲动，你可以试着给他一个台阶，给他一个机会。如果他已经对你们的婚姻不抱任何希望，那就要选择放弃，果断而决绝地放弃。因为，婚姻是两个人的事情，需要两个人一起去经营。

婚姻，是需要两个人一起经营的，当只有一方企图苦苦支撑时，那么让别人痛苦的同时自己也痛苦。一个人唱着独角戏，透支一段没有意义的婚姻，就是在透支自己的幸福。

公园里的跷跷板，是两个人的游戏，总是要重量相当的两个小孩才玩得起来。如果其中一个小孩不想再玩了，另一个小孩也就玩不下去了。这就好比婚姻，一个人已经离开了你们感情的跷跷板，它已经失去了基本的平衡，就算你花再多力气，也玩不转的。

据说，上帝造人时，就在人心上留下了一个洞。我们用感情不断地填补着这个洞，但我们不能奢望它在一次次被掏空后还能被填平。经过艰苦卓绝的“康复工程”，“忠诚”二字尤为神圣。

每个婚姻都会有瓶颈，既然是瓶颈，那就一定有出口，只不过是出口大小的问题而已。婚姻中没有一劳永逸的绝招，情感是需要经营的。

婚姻中千万别想着忍辱负重，交流远远胜过忍耐。当在忍耐时，怨气就产生了，小矛盾积聚成大冲突，就成了火山，一爆发就会将婚姻炸成重伤。无论大矛盾还是小矛盾，沟通都是必须的，千万别忍，忍和宽容是两回事。宽容是原谅，而忍就是压抑，终有一天会如火山般爆发。

鞋子不合脚了，就扔掉它

人们往往把婚姻比作鞋子，合不合适只有脚知道。如果你的鞋子不合脚了，就要开始考虑你的选择了。鞋子一不合脚，就失去了作用，没有了意义。没有意义的东西，还有什么必要强留呢？生活中的许多事也是这样，当一段感情不适合再发展了，那也就失去了意义，唯一可取的做法就是舍弃它，再寻找一段新的。

婚后的小絮并不太乐观，她常到好友田甜家诉说自己的不幸。这一天，小絮又满怀伤心地来到田甜家里，这一次是她性格粗暴的丈夫打了她。讲述了自己的遭遇后，她近乎绝望地问田甜：“你说我该怎么做才能留住他的心？”

望着她那可怜巴巴的眼神，田甜一时不知如何回答她。这时，田甜的妹妹回来了，脚上穿着一双漂亮的鞋，十分醒目。田甜惊奇地问："前两天穿的那双鞋很新的，怎么又换了一双？""那双鞋跟太高太细了，害得我差点摔跟头，所以就扔掉了。"

妹妹很随意的一句话，让田甜心中一颤。于是，她对小絮说："你看，一双不合脚的鞋，是没有保留价值的，最好扔掉它，再换双新的，爱情也是如此吧。"

一个多月后，小絮来告诉田甜，她真的照她说的那样，走出了死亡婚姻的阴影，她感到身心有了一股特别的清爽。看到她那不加修饰的欢欣，田甜问她："你不后悔吗？"小絮笑了："后悔什么？我知道不合脚的鞋子，是没人喜欢的。"

婚姻不能将就，当一段感情变得不和谐后，就必须想办法改善——或彻底沟通解决问题，或干脆分手。道理很明白，一双不合脚的鞋子，或是修一修再穿，或是干脆扔掉。

生命如舟，载不动太多的物欲和虚荣。要想使之在抵达理想的彼岸时不在中途搁浅或沉没，就只能轻载，只取需要的东西，把那些可放下的东西果断地抛弃。爱情也同样如此，当你所爱的人，已经不爱你，不想这段恋情再继续下去，你也应该为爱情画上句号。勉强在一起是不会快乐的，分手或许对两个人都好。

每一个人都渴望美好的爱情，但是现实总是不尽如人意，很多女人自以为找到了爱情，事实上却陷入了爱的陷阱。

放弃一段恋情是困难的，尤其是放弃一场刻骨铭心的恋情。但是既然那段岁月已悠然遁去，既然那个背景已渐行渐远，又何必要在一个地点苦苦地守望呢？不如冷静地后退一步，学会放弃，一切又会柳暗花明。

人之一生，需要我们放弃的东西很多，古人云，鱼和熊掌不可兼得。如果不是我们应该拥有的，我们就要学会放弃。

决定放弃或者忍耐，将左右人一生的成就。一个人要想学会选择，学会放弃，关键是要做到不能患得患失，要善于分清孰轻孰重，要能够果断地舍卒保车。

走出婚姻也快乐

当女人的婚姻生活走到了边缘，当你对身边的那个人越来越没有感觉的时候，越来越多的坚强女性选择了单身生活，她们希望重新找回单身时的快乐。

走出婚姻的女人，自己挣钱自己花，没有了丈夫的干预。

走出婚姻的女人，穿衣时不用再受丈夫的限制，想怎么穿就怎么穿，没有了“下次穿裙子吧，我喜欢你穿裙子”“以后别戴帽子了，我不喜欢你戴帽子”之类的啰嗦。

走出婚姻的女人，不用担心丈夫到了深夜还不回家，不用为丈夫回家后就看电视、看报纸而不开心，也没有丈夫回家就一屁股坐在沙发里一动不动、不理人也不说话之类的烦恼。

走出婚姻的女人，再也不用想着什么时候回家，更无需别人牵挂，也不会因回去晚了会遭到丈夫怀疑的眼光，这份洒脱和自由，是婚姻所不能给的。

走出婚姻的女人，更不用再担心丈夫在外是否有了情人。

走出婚姻的女人，最大的快乐，便是可以拥有足够的时间来享受生活，带着一份“自由”的心境，去喝咖啡，去打保龄球，去痛痛快快地蹦迪、唱歌……所有的这一切，都会让自己劳累的心重新点燃生活的热情。

走出婚姻的女人，放假时，会陪着自己的父母去全国各地旅行，享受着亲情的欢乐，也尽着一份儿女的孝心。

“生命的可贵之处在于做回你自己”，走出婚姻的女人对这个“做自己”诠释很简单，那就是“生命中该做的事，要以创意的心情来完成。生命本身不具意义，是人赋予了它意义。生命的意义依据人所下的定义而定”。

一个真正独立自信的女人，即使离婚后，也会一个人挑起生活担子，继续着人生的旅行，在她们的字典里没有痛苦和悲伤这样的字眼。自由，快乐才是她们永恒的追求。

一些女人因看懂了生活的必然困境而自然地面对婚姻。爱情来时，盛装迎接；爱情去时，笑脸相送。单身与婚姻都是一种随缘，抑或是一种对比之后的选择。

多元化的生活成就了多元化的生活状态，单身还是结婚已经不是最重要的问题，人们该关注的应是生活的质量，而不是生活的状态。单身和婚姻都是一种选择，我们最终选择的，都是快乐。身心健康地活着，才是生活的根本。

赏析

李代桃僵，原指兄弟要像桃李共患难一样相互帮助，相互友爱。后转用来比喻互相顶替或代人受过。此计用于军事上，指在敌我双方势均力敌，或者敌优我劣的情况下，用小代价换取大胜利。在现代经商中，经营者不要为小利所诱惑，也不要为小害所影响，而应从全局的优劣形势中分析对比，争取主要优势且不必要寸步不让，高明的经营者都会以退为进，以达到自己赚钱的目的。

而在婚姻生活中，女人也可以适当地宽容一把，让自己付出一点儿小小的损失，来赢取最大的价值——得到男人的心。但是，作为女人，你一定要记住：婚姻中的付出也像投资理财一样，需要设立“停损点”，对他的包容要适可而止，不要把自己的青春浪费在一个不值得的人身上，把自己付出的代价控制在最小的限度。

第四篇

人际关系：做一个会办事的女人

第23计

声东击西:换个思路天地宽

兵法原文

敌志乱萃,不虞,坤下兑上之象。利其不自主而取之。

原文今译

敌方处于心迷神惑、行为紊乱时,难以提防突发事件,即出现萃卦所展示的水漫于地上的现象;利用敌方心智混乱失于防备时,趁机将其消灭。

身为女人,要照顾一家老小、要工作、要交际……这么多的事情如果不动脑思考,不合理安排,必然会手足无措,也会因此而难以立足社会。所以,要想让交际成就自己,就需要付出更多的心思。不过,换个思路去想这也容易,利用女人天生心思细腻、缜密的先天优势吧,多观察,从细节之处去推理他人的脾气,在与他人交往中,尤其要注意自己说话做事的分寸,凡事不可过于直白,过于暴露自身的思想和用意,同时也要留意他人的行事方式,从他人的言行举止中观察对方真正要传达的含义。

把握好与人交往的"度"

"度"就是人们常说的"火候"、"分寸"。任何事情都有一个度,超过了一定的限度,就会适得其反。人际交往如同其他事物一样，也有个如何掌握好“度”的问题，做到既不能“过”又不能“不及”。

初涉交际场的女人，不要一见面就向陌生同事倾诉心里话。你一下子就把心掏出来，如果对方是个谨慎的人，那么你反而会吓着他，因为他怀疑你的真诚另有目的。如果是这样，你不仅会弄巧成拙，也会弄坏了有可能发展的友谊。

你可以不虚伪，坦坦荡荡，但要留些空间作为思考、缓冲，那么一切就好办了。不要把心一下子掏出来，这和修养、道德无关，而是顾虑到现实。

如果你把心掏给人家，结果没有得到相等的对待，那种被“抛弃”、“背叛”的感觉是很不好受的。与其把心一下子掏出来，不如慢慢观察对方，等到相互了解以后再“交心”。

女人在与陌生人交往时，一定要把握好这个度，必要的时候，要学会隐藏自己的情绪。

有“心计”的女人，都能及时调整自己的情绪和角色，以适应不同的场合、不同情境的人际交往。

也许，你会感觉过于隐藏真情会让人觉得不可捉摸，缺乏真诚；但从现实来看，随环境的变化而调整自己的情绪，不失为一种圆融的处世姿态。

首先，在陌生人面前，隐藏自己的情绪，可以隐藏自己的秘密。如果你的情绪如果总是写在脸上，喜怒毫无掩饰，别人一看就知道你的内心。

其次，在朋友或客户面前，隐藏自己的情绪，可以避免别人的误解，避免造成人际关系的反效果。例如，若把刚刚跟人吵架的怒容拿来面对那些与此事无关的人，对方在不知情的情况下，很可能会误认为你对他的来访不耐烦，你若无合理的解释，恐怕对方拂袖告辞了！同样，在不该严肃的场合严肃，在不该轻松的地方轻松，也都不是正确的做法，因为这会让别人误解你。

因为，无论你有多哀伤多愤怒，除非你的至亲好友，否则不会有人对你的喜怒哀乐有兴趣，并进一步表示关怀，更不可能倾听你的哀伤或是愤怒。你若不知此点，不但会造成自己极大的压力，也会留给对方极坏的印象，因而下意识地看轻你。

从别人的话中听出玄机

言语是一种现象，言语作为人的欲望需求和目的的表现，有的是直接明显的，有的是间接隐晦的，甚至是完全相反的。对于那些直接表达内心动向的语言来说，每个人都能理解。而含蓄隐晦甚至以完全相反的方式表现心理动向的言语，就不是每个人均能理解的，人与人的差别，大多也就发生在这里。

如果能够从别人含蓄隐晦的语言中，发现别人的深层动机，那就说明，你比别人有“心计”得多。

1. 由话题知心理

人们常常将情绪从一个话题里不自觉地呈现出来，如果要明白对方的性格、气质、想法，最容易着手的途径，就是要观察话题与说话者本身的相关状况，从这里能获得很多的信息。

2. 措辞的习惯流露出的“秘密”

人的种种曲折的深层心理会不知不觉地反映在自我表现的手段——措辞上。通过分析措辞常常就可以大体上看出这个人的真实形象。

3. 说话方式能反映真实想法

一般说来，一个人的感情或意见，都在说话方式里表现得清清楚楚，只要仔细揣摩，即使是弦外之音也能从说话的帘幕下逐渐透露出来。

(1)说话快慢是看破深层心理的关键

如果对于某人心怀不满，或者持有敌意态度时，许多人的说话速度都变得迟缓，而且稍有木讷的感觉。如果有愧于心或者说谎时，说话的速度自然就会快起来。

(2)从音调的抑扬顿挫中看破对方心理

当两个人意见相左时，一个人提高说话的音调，即表示他想压倒对方。

而对于一些心怀企图的人，他说话时就一定会有意地抑扬顿挫，制造一种与众不同的感觉，有一种吸引别人注意力的欲望，自我显示欲不自觉地就透露出来了。

(3)由听话方式看破对方心理

我们可以根据对方对自己说话后的各种反应，来突破对方的深层心理。如果一个人很认真地听话，他大致会正襟危坐，视线也一直瞪着对方。反之，他的视线必然会散乱，身体也可能在倾斜或乱动，这是他心情厌烦的表现。

如果你想套知某人某方面的消息，你可以和他从一个平常的话题切入，然后认真倾听、提问、倾听……一步步达到自己的目的，对方在高兴之余，也忘了提防，相反还会认为你是一个很好的倾听者，善解人意呢。

判断人的言语，善于捕捉弦外之音，是洞察人的心理奥秘的有效方法。一个人的言谈在很大程度上能体现一个人的内心世界。言谈的内容和方式往往是他品性和才智的表现。言谈能告诉你一个人的地位、性格、品质以及流露的内心情绪，因此善听弦外之音是“察言”的关键所在。

沉默有时就是金

人在职场，女性往往会遇到很多与别人相持不下的时候。这时候，你可以利用“沉默”这一策略，使自己处于主动地位。

俗话说“祸从口出”，你如果说话不留心，招人妒忌，反而得不偿失。“沉默是金”，意思就是提醒我们说话要谨慎。有时候我们宁可不说话，因为多说多错，少说少错。大智若愚、有学问的人从不乱说话，只有胸无点墨的人才喜欢大吹大擂。宁可把嘴巴闭起来，使人怀疑你的无知，也不要一开口就让人证实你的无知。

过去，心理学家常常认为我们应该把自己的事情讲出来，告诉别人，但现在人们逐渐发现在与别人的交往中有时更需要忍耐和沉默。沉默与精心选择的词具有同样的表现力，就好像音乐的中心音符与休止符一样重要。沉默会产生更完美的和谐、更强烈的效果。

沉默并不是简单地指一味地不说话，而是一种成竹在胸、沉着冷静的姿态，尤其在神态上表现出一种运筹帷幄、决胜千里的自信，以此来逼迫对方沉不住气，先亮出底牌。

《谈话的艺术》的作者、心理学教授格瑞德·古德罗解释说：“沉默可以调节说话和听讲的节奏。沉默在谈话中的作用就相当于零在数学中的作用。尽管是‘零’，却很关键。没有沉默，一切交流都无法进行。”

沉默只是人们表达力量的一种技巧，而不是本身就具有优势力量。在日常交往中，沉默往往会给你带来益处。在某些场合，沉默不语可以避免失言。许多人在缺乏自信或极力表现得礼貌时，可能会不假思索地说出不恰当的话给自己带来麻烦。

留面子效应的启示

大家是否有过这样的经历。当你乘坐长途列车回家的时候，眼看就要到站了，车厢里突然响起了广播，说由于本次列车要给其他列车让道，所以需要在这里等上一个小时才能继续行进。归心似箭的你虽然感到异常郁闷，但是也不得不做好晚一个小时才能到站的思想准备。然而，就在你在无奈中已经被迫接受了这个需要停留一个小时才能继续前行的现实后，没过几分钟，列车里的广播再次响起了，乘务员又宣布说晚点时间已经缩短到半个小时了。由晚点一个小时一下子变为半个小时，你是否感觉很庆幸呢？正在你暗自庆幸时，车厢里的广播又响了起来："亲爱的旅客朋友们，最多再等5分钟，您乘坐的列车就会开动了。"这个时候，不单是你，整个车厢里的人们都会喜出望外、拍手称庆的。虽然列车仍是晚点了，但是乘客们却都感到很庆幸，甚至为能够比预期的晚点时间缩短而感到满意。

其实，这次列车真正停留的时间是15分钟，倘若一开始，列车员告诉大家列车因要给其他车让道，所以要停留15分钟，乘客们的心情肯定不会像开始说停留一个小时，后来一直缩短时间那样愉悦。

之所以会有这种现象，缘于心理学上的一个概念——留面子效应。这种效应的主要表现为：在向他人提出自己真正的要求前，首先向他人提出一个很大的要求，这个大的要求很可能是会被拒绝的，待对方拒绝后，再把自己真正的要求——比较小的要求提出来，对方答应自己要求的可能性就会增加。

这种效应给我们的启示便是要我们学会声东击西，而声东击西，又与"醉翁之意不在酒"异曲同工。鲁迅先生在1927年发表的《无声的中国》一文中有这样一段文字：

中国人的性情总是喜欢调和、折中的，譬如你说，这屋子太暗，说在这里开一个天窗，大家一定是不允许的。但如果你主张拆掉屋顶，他们就会来调和，愿意开天窗了。没有更激烈的主张，他们总连平和的改革都不肯行。那时白话文之得以通行，就因为有废掉中国字而用罗马字母的议论的缘故。

其实不止是中国人有这种心理，世界上的大多数人都有这样的心理。职场中的女人们，无论是商业谈判，还是对上司的建议，对下属的批评，都尽量去扮演一下“醉翁”的角色吧，顾左右而言他，是可以转移对方的注意力的，把次要问题的“酒”渲染成重大问题后，摆放在最明显处，对方可能会接受不了，这时，就要不失时机地拿出真正的主要问题来，以一种让步的姿态来展现。这时，事情往往会进行得顺利。因为此时，对方已经被麻痹了，他们通过对比的效果，发现你要求他们做的事情看起来并非那么严重，因此就更容易接受。

赏析

声东击西，指造成要攻打东边的声势，实际上却攻打西边。使对方产生错觉以出奇制胜。在战争中，为使敌方的指挥发生混乱，必须采用灵活机动的行动，本不打算进攻甲地，却假装进攻；本来决定进攻乙地，却不显出任何进攻的迹象。忽东忽西，即打即离，制造假象，引诱敌人作出错误判断，然后乘机歼敌。这一策略在于把对方的注意力用在我方不甚感兴趣的地方，使对方增加满足感。

在社交场上，你可以做个坦率的人，却不一定要做个坦白的人。坦率或许能为你赢得人缘，但是，言行过于坦白只会让竞争对手有机会摸清你的弱点。戒掉直来直去的毛病，试着拐个弯去经营交际，不要太快让人摸清你的底细。

社交中的女人，如果要向他人提要求，不妨先把自己的真实目标隐蔽起来，而去设计一个对比物来作为较大的刺激首先提出，然后再接着说出真正的目的。前面大刺激好比是虚晃一枪，在对方已经能够承受大刺激的前提下，再搬出来后面不起眼的事情，而这个不起眼的事情才是真正的目的。这时，你的看起来“很勉强的让步”，会让对方认为他占了便宜，因此，胜利感会油然而生。而胜利者到底是谁，只有你最清楚。

第24计

反客为主：将你心比我心

兵法原文

乘隙插足，扼其主机，渐之进也。

原文今译

乘着出现漏洞时及时插足进去，顺势扼住其要害部分，这必须要循序渐进，才能达到自己的目的。

生活在现代社会的女人，再也不是以前那种大门不出二门不迈、只在家里相夫教子的女人了。她们走出家门、走入社会的机会越来越多，人际交往的机会也越来越多，如何在人际交往中表现自己，如何让自己在工作和生活中始终处于主导地位……对于女人而言，这些已经不是难题。因为女人有着天生的善解人意，有着天生的奉献精神，因此，她们会把自己摆在他人的位置，以换位思考的方式，来体谅他人，这样，不仅会给他人带去感动，也会为自己增添人脉。

从对方的角度说事

如果你想使别人信服你，你就应真诚地尽力站在对方的立场上看事情，这样，你才能更容易成功。

有这样一个案例：

著名人际关系专家卡耐基租用纽约某家饭店的大舞厅，用来在每季度举办一系列的讲座。当又一个季度开始的时候，他突然接到通知，说他必须付出比以前高出三倍的租金。卡耐基拿到这个通知的时候，入场券已经印好，并且发出去了，而且所有的通告都已经公布。

卡耐基不想付这笔增加的租金，于是，几天之后，他去见饭店的经理。

"收到你的信，我有点吃惊，"卡耐基说，"但是我根本不怪你。如果我是你，我也可能发出一封类似的信。你身为饭店的经理，有责任尽可能地使收入增加。如果你不这样做，你将会丢掉现在的职位。现在，我们拿出一张纸来，把你因此可能得到的利弊列出来。"

随后，卡耐基取出一张纸，在中间划了一条线，一边写着"利"，另一边写"弊"。他在"利"这边的下面写下这些字："舞厅空下来。"接着说："你把舞厅租给别人开舞会或开大会是最划算的，因为像这类的活动，比租给人家当讲课场能增加不少的收入。如果我把你的舞厅占用二十个晚上来讲课，你的收入当然就要少一些。"

"现在，我们来考虑坏的方面。第一，如果你坚持增加租金，你不但不能从我这儿增加收入，反而会减少自己的收入。事实上，你将一点收入也没有，因为我无法支付你所要求的租金，我只好被逼到另外的地方去开这些课。

你还有一个损失。这些课程吸引了不少受过教育、修养高的观众到你的饭店来。这对你是一个很好的宣传，不是吗？事实上，即使你花五千美元在报上登广告，也无法像我的这些课程这样能吸引这么多的人来你的饭店。这对一家饭店来讲，不是比广告具有更大的价值吗？"

卡耐基一面说，一面把这两项坏处写在“弊”的下面，然后把纸递给饭店的经理，说：“我希望你好好考虑你可能得到的利弊，然后告诉我你最后的决定。”

第二天卡耐基收到一封信，通知他租金只涨50%。

从对方的立场出发，为他分析出事情的利弊，对方便会主动地按照你的思路走下去，这样，你的地位往往会从被动变为主动，从而最终达到你所要求的目的。卡耐基之所以成功，在于当他说“如果我是你，我也会这样做”时，他已经完全站到了经理的角度。接着，他站在经理的角度上算了一笔账，抓住经理的诉求：赢利，使经理心甘情愿地把天平砝码加到卡耐基这边。

从感情与理性两方面来说，强迫性的做法会使对方在感情上产生不悦，而脱离要点会使对方在理性上无法理解。不考虑对方，只单方面谈论自己的事，不但无法打动对方，反会显得疏远，甚至会把自己本来主动有利的优势地位，变为被动的劣势。

任何人对自己所抱的观点都认为是有道理的，都希望站在说服者的立场，而不喜欢被人说服，更有甚者认为被别人说服是一种耻辱。所以要先努力使对方保持平静，消除其压迫感，否则说服就无法成功。

与其自己先发言，不如先倾听对方的理由，从谈话内容中了解他。给对方发表意见的机会，这既可以缓和他的紧张情绪，还可使他进一步对你产生亲切感；更重要的是，能根据对方谈话找到说服的重点。从对方的谈话中，可以了解对方的嗜好、个性及说服重点。设身处地替别人着想，了解别人的态度和观点。不但能得到你与对方的沟通和谅解，而且能更清楚地了解对方的思想轨迹及其中的“要害点”，瞄准目标，击中“要害”，使你的说服力大大提高。

人的需要是各不相同的，各人有各自的嗜好偏爱。只要你认真探索对方的真正意向是什么，特别是与你的计划有关的，你就可以依照他的偏好去应对他。你首先应当将自己的计划去适应别人的需要，然后你的计划才有实现的可能。

拥有同理心

同理心，就是把自己摆在对方的位置上，设身处地地体验、理解他人的内心世界，注意形成彼此之间的共同感受。

在人际交往中，拥有同理心是增进相互理解、促进相互接纳的一种有效方法。有了同理心，我们将不再处处挑剔对方，抱怨、责怪、嘲笑、讥讽便也大大减少；取而代之的是赞赏、鼓励、谅解、互相扶持。这样一来，人与人的相处，就变得愉快、和谐。生活中，当你用同理心去和别人交流的时候，你会发现，你将是一个处处受欢迎的人。

一个具有同理心的人对周围的一切事物都会产生一种关心和了解的心理趋向，当自己与他人在认识上出现了分歧时，能够真诚地尊重对方、并容忍这种差异；当自己与他人在行为上出现摩擦时，能善意地理解对方，并分担由此而产生的各种心理负担。因此，这便会使人感受到这种力量在支撑着他，使他们感觉到无论说什么都会得到宽容和尊重，并由此而增强了自信心、看到了希望，从而获得愉快的心理体验。

美国管理学家玫琳·凯在谈论人事管理和人际交往时，曾经讲述过她自己的一次亲身经历。

有一次，她参加了一堂销售课程，讲课的是一位很有名望的销售经理。他讲得确实很好，既生动幽默又鼓舞人心。玫琳·凯非常渴望和这位经理握握手。她排了一个多小时的队，好不容易轮到她和经理面对面了，经理根本没有用正眼看她，而是从她的肩膀望过去，看看队伍到底还有多长，甚至他似乎没有察觉自己正在和别人握手。一个多小时的守候等来的竟然是这种结果，玫琳·凯觉得自己受到了莫大的侮辱和伤害。

后来,玫琳·凯成立了自己的化妆品公司,她有很多次机会公开演讲,也有很多次机会站在长长的队伍面前,和上百位人士不停地握手。

玫琳·凯说:“每当我感到疲倦的时候,我总会想起那次令我感到受伤的情形,然后我会马上打起精神,面带微笑直视握手者的眼睛,我还会说些比较亲近的话,哪怕是几句简短的闲谈。‘我喜欢你的发型!’或者‘你口红的颜色漂亮极了!’我尽可能让对方感受到我的热情和真诚。我一直在极力避免让其他的事情来打扰我。只要是和我握手的人,我都会把他当做那个时候我最重要的人。”

为人处世就是如此,不要只考虑自己的立场而忽视他人的立场和感受,而应站在对方的角度考虑问题。

换位思考在人与人之间的沟通和交往上占有非常重要的地位,因为不了解对方的立场、感受及想法,我们就无法正确地思考与回应,沟通便被阻断,最终导致矛盾加深。

女人天生情感细腻,可以做到将心比心。因此无论碰到善行还是遭遇困境,都要努力做到把别人当成自己,或把自己当成别人。进行一番换位思考后,你的心情自然会豁然开朗,在真诚的宽容下善待别人、善待自己。生活在这个社会中,应学会站在对方立场看问题,多给别人理解与关心,才能处理好各种人际关系。

学会换位思考,学习以宽广的态度接纳不同的人、不同的事和不同的物,才能彼此尊重和体谅。换位思考其实就是“移情”,去理解别人的想法、感受,从对方的立场来看事情,以别人的心境来思考问题。

换位思考是一种设身处地,是一种虚拟,换句话说,“如果我是他,处在他的位置,我会怎么看待这个问题?我又该怎么处理这件事情?”从字面上来看,“设身”就是假设自己是当事人本身,

"处地"就是处在当事人的地位和情境。

设身处地为他人着想,在无形中化解了矛盾,升华了自己的人格。放下自己的主观来理解别人,理解之后才能有真正的沟通,沟通之后才能有良好的人际关系。

要做到将心比心、设身处地并不是那么容易。真的要好好地用心去实践才行,特别要注意的是:换位思考的过程是"将你心换我心",把自己当成"当事人",而不单单只是站在对方的角度看事情。

关爱别人才能赢得尊重

每一个人都有"希望自己被别人关心"的欲求。然而环顾我们的周围,有多少女人穷其一生,只知道一味要求别人的关怀与爱,而不知反求自己。关怀和爱就像是弹力球,你给了它力量它才会弹得更高,同样,只有你给别人关怀,他们才会回馈给你,无时无刻不是这样。

早在耶稣基督诞生前一百年,就曾有一名罗马诗人说过:"只有付出我们的关怀,别人才有可能反过来关怀我们。"

有一位杰出的大学校长伊里特,她凭借对别人无限的关怀,而得到全校师生的尊敬和爱戴。

有一次,一个名叫克兰顿的大学生到校长室申请一笔学生贷款,被批准了,克兰顿万分感激地向伊里特道谢。正要退出时,校长和蔼亲切地说:"有时间吗?请再坐一会儿吧。"接着,学生十分惊奇地听到校长说:"你在自己的房间里亲手做饭吃,是吗?我上大学时也做过。我做过牛肉狮子头,你做过没有?要是煮得很烂,这可是一道很好吃的菜呢!"接下去她又详细地告诉学生怎样挑选牛肉,怎样用文火焖煮,怎样切碎,然后放冷了再吃。校长最后说:"你吃的东西必须有足够的分量。"

面对一个普通的学生，一个大学校长能够如此和蔼地和他聊家常，关心他的生活，这样好的大学校长，有谁会不喜欢呢？

在人际交往中，谁能具有良好的心理素质和人格魅力，谁就会拥有良好的人际关系，谁也就有可能成为最后的大赢家。

女人天生具有一种伟大的母性，不论你有没有做过母亲。适时适地的关怀无疑会像冬日里的暖风温暖他人的心房，而女人的关怀是更加细腻柔和的，一个智慧的女人懂得如何去关怀别人，在社会交往中赢得更多人的信赖和支持。

彭小芸就是一位深谙此道的聪明人，她常常设法对别人付出关怀。彭小芸一直都记着一些好友的生日，她经常都是拿占星术做幌子，假装要替对方算命，问出朋友真正的出生日期，将其出生年月日记在笔记本上。然后每年都按着日期，寄上贺卡，这种关怀常常使她的朋友感激不已，当然这也让彭小芸的朋友越来越多，生活很快乐。

已故的维也纳心理学家爱佛瑞·艾德纳在其所著的《人生真义》一书中曾说："只有不懂得关怀别人的人，其生活才会面临真正的痛苦，甚至伤及他人。人类之所以充满失败，正是由这些人所造成的。"

只要我们肯表现出真正的关心与爱戴，即使最忙碌的人，也会忙里抽空，帮我们解决问题。如果我们真想交朋友，就该摒弃自我因素，全心全意去为别人做些事情。

赏析

反客为主，是指处于被主导地位的客，夺取主导地位，替代原来的主，并将原来的主推到客的位置上，随意摆弄的做法。这是一种换位法，在社会生活中，人与人之间的主客之势常常发生变化，有的变客为主，有的变主为客。反客为主的关键在于要变被动为主动，争取掌握主动权。用于军事上，是指在战争中，要积极变被动为主动，争取掌握战争的主动权。尽量想办法钻空子，插足进去，控制敌方的首脑机要部位，并寻找有利时机去兼并或控制他人。古人使用本计，多是针对盟友。往往是借援助盟军的机会，先站稳脚，然后步步为营，取而代之。

而对于现代人来说，在人际交往中，一方面要懂得利用机会，让自己变被动为主动，另一方面，就是凡事要学会站在对方的角度，或者换个角度去思考，你会发现，很多事情比你想象的要容易得多。女人本身就有心思缜密、细致周到的特点，女人天生的善良与母性更容易驱使女人去体谅别人。这是一种先天的优势，能够应用好，你就是交际场上最受欢迎的人。

第25计

远交近攻：可以为你办事的人有很多

兵法原文

形禁势格，利从近取，害以远隔。上火下泽。

原文今译

倘若受到地理条件的限制，则攻取近处的敌人对我方有利。如若越过近敌去攻取远敌就对我方有害。火向上燃烧，水往下流淌，是我方与邻近者乖离的情形。

远交近攻也就是“大棒加橄榄枝”，对于远处的友邻，要多加联系，加固关系，以防因疏于联系让朋友变成陌路甚至对手。而对于近在身边的人，如果威胁到自己的安全了，则一定要及时消除隐患，防止身边发生事端。在现代人际关系中，大棒和橄榄枝要配合使用。既不能把所有的人都当做朋友，也不能把所有的对手都消灭掉，而应根据对自身的利弊进行选择。

多结交一些陌生人

我们呼唤爱，我们渴望友谊，但是更多的时候，我们拒绝结交新的朋友，拒绝打破和陌生人之间的隔膜。我们之所以害怕和陌生人交往，往往是因为对他们不确信和不信任，或者是因为彼此不熟悉所带来的冷漠。但是“多和陌生人说话”，能够让你获得更多的好人缘。"乐莫乐兮新相知",最快乐的事情莫过于结交新的朋友,而多和陌生人说话是结交新朋友的前提条件。和陌生人的交流能为你的人生打开一扇又一扇新的窗户,让你看到一个截然不同的世界;和陌生人的接触能为你的生活、学习和工作带来新的帮助,给你带来更多的安全感、友谊和爱。

对一个普通人来说,在友谊、爱情、学业和事业等多方面都需要别人的帮助。如果你尝试着主动和陌生人说话,你就能得到更多人的喜欢和理解,援助之手便会源源不断。主动和陌生人说话就是主动创造结识新朋友的机会,会使你的好人缘甚至是好姻缘如同源头活水,层出不穷。也许人际交往中确实有些纷繁芜杂的事,但是这些不如意都是值得我们努力去克服的。

老朋友都是由新朋友发展而来的,新朋友都是从陌生人发展来的。只有主动开口和陌生人交流才能消除素不相识所带来的隔阂,才能发展成为朋友。"多和陌生人说话"是扩大自己的交际圈和人缘关系的保障。

当我们处于一个陌生的环境,我们的心灵是封闭的,也是孤独的。如果能将所接触的陌生人变成心灵相通的朋友,你就能获得好人缘,你的人际关系将如鱼得水,凡事顺心,处处如意。

和陌生人的交流能为你的人生打开一扇又一扇新的窗户,让你看到一个截然不同的世界;和陌生人的接触能为你的生活、学习和工作带来新的帮助,给你带来更多的安全感、友谊和爱。

摒弃对陌生人说"不"的中国式社交吧!在美女帅哥集中营的 party 上,怎么可以让别人认为你是一个沉默寡言的人呢?不要说这里没有你所熟悉的人,其实有些看起来很亲昵的人很可能是刚刚认识的。只要勇敢地说出第一句话,你就已经成功了一半。

俗话说:"多个朋友多条路,少个敌人少堵墙。""冤家宜解不宜结。"为了自身的发展,我们不仅要把自己的朋友维护好,不仅要把陌生人变成朋友,还要争取把以前的敌人变成我们的朋友。因为很多时候,是敌人让我们取得真正的进步。

不要有那种“不是朋友就是敌人”的极端想法,因为这除了能够增加你的敌人数量、令自己越来越孤立外,再无他用。而如果你反过来想“不是仇人就是朋友”,则朋友的数量就会越来越多,敌人就会越来越少。

人无完人,处事时难免会有不周之处,所以你会得罪别人,别人也会得罪你。我们应该尽量做到像《圣经》上说的,“爱自己的敌人”,最终化敌为友。

多走亲戚好办事

亲戚是你人脉资源中最亲近的一脉,遇到困难事,只要跟亲戚张张嘴,忙肯定是要帮的。英年早逝的著名诗人徐志摩,就很善于利用血缘关系来寻找帮助。

7岁的时候,徐志摩就已非常聪明,且对语言及文学表现出浓厚的兴趣,但直到15岁,他还是感觉自己在这方面的长进不大,迫切需要一位精于此道的老师来指点。他听说梁启超是良师,但梁启超是大名鼎鼎的人物,想拜他为师可不容易。但是,徐志摩的表舅与梁启超相交颇深,于是,他就前往表舅家请表舅从中为其引见,在与表舅的一席交谈中,徐志摩充分表达了自己的迫切愿望,他对长辈的谦恭之情,打动了表舅,于是,表舅亲自带徐志摩到梁启超家,让其拜在梁启超的门下。从此,在老师的辅导加上自身的努力下,徐志摩在诗歌上的造诣突飞猛进。

试想,如果徐志摩不是运用了亲戚这个特殊的关系,又怎么能够获得拜名师学习的机会并成为一名伟大的诗人呢?

但是,亲戚又是一种比较复杂的关系,主要表现在亲戚之间存在着多种差异,经济的、地位的、地域的、性格的等。这些差异既可能成为彼此交往的理由,也可能成为产生矛盾的原因。

在亲戚交往中也存在一定的规律,聪明的女人,要懂得遵循这些规律办事,才能使彼此的关系越来越亲密,反之,违背了这些规律,亲戚之间也是会互相得罪的。

亲戚之间在互相交往,互相求助中应注意以下方面:

(1)经济往来要清楚,不要弄成一笔糊涂账

在交往过程中,为了经济利益问题而得罪人,在亲戚之间是屡见不鲜的。一般情况下应把感情与财物分清楚,不能混为一谈。亲戚之间借钱、借物等财物往来是常有的事,有时是为了救急,有时是为了帮助,有的就是赠送,情况不同,但都体现了亲戚之间的特殊关系,把这种财物往来当成表达自己心意和特殊感情的方式。但是,只要不是对方明言赠送的,所借的钱物就要按时归还。如果是赠送,作为受益的一方在道义上对亲戚的慷慨行为给予由衷的感谢和赞扬是必要的,这既是加深感情的需要,也是报答对方帮助的必要表示。如果把这种支持和帮助看得理所应该,不作一点表示的话,对方就会感到不满意,进而影响彼此的关系。

(2)不要居高临下或强人所难

亲戚之间应当相互尊重,平等对待。特别是在彼此之间的地位、职务存在差异的情况下,更应如此。就亲戚而言,财大的、地位高的人对于比不上他们的亲戚是很有吸引力的。地位低的人总是希望从地位高的一方那里得到一些帮助,同时在他们提出自己的请求时,又怀有极强的自尊心。在有地位差异的亲戚之间,最常见的矛盾是在不能满足对方要求的情况下发生的。因此,如遇这些问题,一方应注意尽量地满足对方的需求,另一方则应考虑对方的难处,尽量不要给人家出难题,即使因客观原因不能满足自己的需求,也应给以谅解,不能过多地计较。

亲戚之间,相互帮助是应当的,但是,凡事都有个度,要想做

到恰如其分地利用好亲戚关系，让自己得到帮助，既要想到自己的要求，更要顾虑到对方的难处，不应因此而影响到亲戚之间的关系。

人脉关系中不可缺少的几种人

每个人的职业、环境不同，人脉关系是不一样的，但下面的这几种人是你的人脉关系中必须有的，因为他们直接关系到你的人生和事业品质。你的人脉网中有这几种人，你生活和工作起来就会左右逢源，轻松愉快。

职业介绍人：除非需要一份工作，大部分的人不会和职业介绍所的人说话。其实，这是没必要的，即使你现在工作非常稳定，你也不妨与他们建立良好的关系。在口渴之前先掘井永远是正确的。下次如果职业介绍所打来电话时，不管你多么满意目前的工作，都不要挂断电话，应说一些客气话。例如："我真的没有兴趣，但是你的电话令我受宠若惊。事实上，有时候我们可能会用到你的帮忙，或者找一份好工作，或者是寻找合适的人选。你可以留下你的联络电话，也许这一两个月里，我们可以吃顿饭，彼此认识认识。"

银行工作人员：银行已经成为我们生命中不可或缺的角色，你的投资理财都需要银行这个现代商业社会中最重要的角色。有了银行这个人脉，当你的资金运作出现问题时，你就知道应该打电话给谁了。

旅行社的朋友：对于同在一架飞机上的旅客而言，100 名旅客就有 100 种不同的机票价格。400 美元的票价，你可能 300 美元买到，别人可能 200 美元买到。因为他认识一位旅行社的朋友，而这个朋友又是最有办法的那种。你怎么能不去设法拥有这么一个丰富的旅行经纪资源呢？

保险代理人：不要等到出了什么事，才知道要投保。你一定不希望有一天你因为没有买对保单，而无法得到应得的补偿。那么，选择一位优秀的保险代理人做朋友，让他帮你在适当的时候，选择适当的保险险种，为你量身设计一份适合你的保险计划，是一件很幸运的事情。

名人的经纪人：有许多人认为名人是很难接近的，其实他们是很寂寞的。所谓"高处不胜寒"，许多名人其实比你想象得更容易接近。所有名人都有他们的律师、医生、牙医、会计师、亲戚、喜爱的餐厅及常去的地方，也有经纪人、宣传、公关人员及教练。先去认识这些人，然后请他为你安排一次与名人见面，或替你打第一个电话。

律师：社会是复杂的，各种各样的人都有。不错，你为人善良，处事息事宁人，不愿得罪任何一个人。有什么纠纷，你不想对簿公堂，只想自己吃亏了结。可是，你要明白，走在树下都有落叶打痛脑袋。但是，你不告别人，别人可能会反咬你一口。在公堂上，如果你的人脉关系中有知名律师，你的麻烦事会少很多。

维修人员：一位优秀又诚实的维修人员是很重要的。你的汽车坏了，你家的下水道被堵了，你家的锁打不开了……事在紧急，你知道谁可以在最短的时间内以最快的速度、最低的费用帮你处理。因为不好而且不诚实的修理工将使你损失惨重。

你已经有了朋友和家人，也许，你还有了重要的另一半。现在你需要业务上的关系——工作伙伴，业务是你们关系的自然而然的基础。你同他们讨论公司新闻、产业动向、商业策略，以及与你们行业相关的话题。

无论你认为自己是超然于关系网的，还是压根不知道如何建立关系网，都应该把关系网当做一种业务工具，一种帮助你建立第四类关系的业务工具。

赏析

远交近攻，出自《战国策·秦策》。范雎曰："王不如远交而近攻，得寸，则王之寸；得尺，亦王之尺也。"这是范雎说服秦王的一句名言。此计用于军事上，当实现军事目标的企图受到地理条件的限制难以达到时，应先攻取就近的敌人。为了防止敌方结盟，还要想方设法去分化敌人，各个击破。灭了近敌后，"远交"的国家便成为新的攻击对象了。远交近攻，在政治和社会生活中，比在外交和军事中，还要重要。

交际场上的女人们，一定要明白，交际场合虽然不需要用太多的政治和军事手段，但是，我们却可以从中得到一些启示，即在经营自己的人际关系网时，一定要有所侧重，无论是熟人还是陌生人，我们都应尽量结交那些比自己强的人，不涉及到重大利害关系时，不可打击身边的人。通常情况下，要积累人脉，就应"远交近也交"，而非"远交近攻"。无论是亲戚邻居，还是陌生人，能将其变成朋友就决不要忽视，一个人脉广的人，办起事来也当然会得心应手。

第26计

假道伐虢：巧扮“白脸”以收获人心

兵法原文

两大之间，敌胁以从，我假以势。困，有言不信。

原文今译

处在敌我两个大国之间的小国，当敌方威胁它屈服时，我方应积极出兵援助，并趁此机会把自己的势力渗透进去。对于这样的处于两难之间的国家，只空谈支援而不采取实际行动，不可能真正取得对方的信任。

社会中最复杂的莫过于人与人之间的关系。然而，只要是在这个社会上生活，就不可能摆脱这个难题。女人当然也不例外，无论是生活还是工作，都离不开与他人的交往。更为郁闷的是，还很可能会被卷入别人的战争里。这时，聪明的女人会巧扮“白脸”，对敌对的双方进行劝导、安抚，从而平息战争。如果双方势均力敌，那么，双方都会从心底感激你，因为，很多时候，人们在不知不觉发生争斗后，即使发现了此次争斗毫无意义，但由于面子问题也不肯停下来。这时，如果你好言相劝，是给双方台阶下，自然会赢得双方的心。如果双方力量悬殊，你的调和会使弱者感激不尽，很可能会从此追随你，死心塌地地为你所用，而强者一方通常也不会很难为你。

掌握获得他人信任的方法

年轻的郝静无论到哪里都能受到别人的重用，换了好几个工作，每一个几乎都做到了顶层，在行业里出类拔萃。每次，她要辞职的时候，老板总会极力挽留。当朋友问及她成功的诀窍的时候，郝静回答："有的人成功靠的是勤奋，有的人靠的是运气，还有的人靠的是聪明，我认为我靠的是获得别人的信任。因为别人信任我，才会给我具有发展空间的职位和业务！"

的确，每个人成功的主要因素都不尽相同，但是如果一个人学会了获得他人信任的方法，那她就会比别人获得更多的发展机会和更大的发展空间。只有别人建立了对你的信任感，他才会乐于和你接近，才不会时时、处处、事事都防备你。

要想获得别人的信任并不都是由别人决定的，你自己可以告诉他："你可以信任我！我是可以信任的！"

(1)向别人证明你是守信用的

一个女人一旦失信于人一次，就会给别人一种不稳定的感觉，觉得这个人靠不住，有什么事情需要做的时候，宁愿去找别人也不愿意放手让她做。

(2)向别人证明你是稳妥的

不要麻痹大意，在细节上出错，或者不够谨慎，或者丢三落四，这样就很容易产生很多不必要的麻烦，别人会觉得你根本就不值得托付。

(3)老老实实地做出一点成绩来，证明你是一个实干家

如果你是一个不学无术的人，没有能力在某个方面独当一面，别人又怎么可能放心地委托你做任何事呢？

(4)将良好的态度进行到底

你应该乐观、积极、上进、宽容，富有耐心和同情心……而且

这些品德需要你把它们进行到底，一以贯之，没有人会信任一个做事半途而废的人。

如果一个人失去了别人的信任，也就失去了许多机会。在事业上，没有了别人的信任，就不会有人为你提供发展的平台；在爱情上，没有了信任，爱人就会离你而去；在人际上，没有了信任，你就只能游离于他人之外，永远不能和他人相融。可以肯定地说，一个对获得他人信任漫不经心、不以为然、也不肯努力改善的女人注定会成为孤家寡人，最终等待她的就是失败。

用你的赞赏去触动别人

女人的一生中，至少70%的时间，都花在了想自己的事情上，比如怎样让自己的皮肤变得白皙水嫩、如何搭配衣服和鞋子才让自己看上去更迷人。大多数的女人都只把精力停留在这种肤浅的表面上，殊不知，内在的智慧才是女人一生中最难能可贵的东西。

如果我们能够从这种纷繁的事情中摆脱出来，花点时间去想想身边的亲人、朋友甚至是你平时讨厌的人的优点，并在适当的时候给予一定的赞美，那么你一定会有意想不到的收获。

安德烈·毛雷斯曾经说过的："当我谈论一个将军的胜利时，他并没有感谢我。但当一位女士提到他眼睛里的光彩时，他表露出了无限的感激。"由此可见，女性的赞扬更能收到令人意想不到的效果。

这是一个夏天，天气又闷又热，一个年轻女孩走进拥挤的列车餐车去吃午饭，在服务员递给她菜单的时候，她说："今天那些在炉子边烧菜的师傅一定是最难受的了。"那位服务员听了后吃惊地看着她说："来这里的人不是抱怨这里的食物，便是指责这里的服务，要不就是因为车厢内闷热大发牢骚。19年来，你是第一个对我们表示同情的人。”

有时人们所需要的，往往只是一个简单的关注。在这种关注之中，真诚是最为重要的。因为只有真诚才能使赞语具有效力。任何掌握了赞扬艺术的女人都会发现，赞扬不仅给听者，也给自己带来极大的愉快。它给平凡的生活带来了温暖和快乐，把世界的喧闹声变成了音乐。

做一个好的倾听者

良好的沟通，除了善于表达之外，倾听也是同样重要的。人们并不是为了想说话而一直说话，最主要的目的是希望别人听他的想法和意见才说话的，因此学习如何当一个好听众，留心倾听别人说话，是沟通艺术的重点之一。

一个能静静倾听别人意见的女人，必是一个富于思想、有缜密的见地、有谦虚的性格的女人。这种女人在人群当中，最初也许不大受人注意，但最后必是最受人敬重的。因为她的谦虚，所以受人欢迎，因为她善于思考，所以受众人所尊敬。

纽约电话公司在几年以前，曾碰到过一件相当棘手的事情：一名顾客非但痛骂其公司之接线生，拒绝缴纳电话基本费，甚至还四处投诉，借报纸来攻击该公司，最后还列举出多项罪名，公开指控纽约电话公司。

最后，公司终于派出了他们处事手腕最高明的一位客服人员辛迪登门拜访这位暴躁凶悍的客户，而她在拜访这位先生时，所做的唯一的事就是专注地听对方将满腹牢骚倾泻出来，并一再地点头称是。

几个小时后，这位顾客的问题便解决了，这就是倾听的魔力。

事情的成败与能否倾听有着千丝万缕的联系，世界最著名的影视记者伊撒克·马士逊，曾明确指出，世上许多人之所以不能给人留下良好的印象，正是因为他们不能耐心地做一个很好的听众，“由于他们只关心自己接下来要说的话，所以根本不肯耐心地去听别人把话说完……”多数大人物都曾说过，他们喜欢的是肯耐心听话的人，而不是那些争着要发表意见的人。而听人说话这门艺术，却非一蹴而就，真正懂得它的人，毕竟是少之又少。

你要记住：做一个好的倾听者——用你所有的感官去倾听，这样才是真正充分利用这门艺术，并发挥到极致。

对“落井者”伸出援手

曾小娟是一家杂志社的编辑，大学毕业后在英国待过一段时间，行事有些洋派，个性散漫，又常做错事，主编早就看她不顺眼，只因她是老板朋友的女儿，所以只好对她睁一只眼，闭一只眼。这天，为了一篇稿件，主编和曾小娟起了冲突，众人见战火引燃，纷纷过去观战，你一言我一语地加入战场，曾小娟据理力争，怎奈她一舌难敌众口，最后只落得掩面而逃。之后，众人又不约而同地联合起来打击她，挑她稿件的毛病，批评她偶尔的迟到早退，直到最后，曾小娟被迫辞职。

我们暂且不论总编与曾小娟两人谁是谁非，只是对于众人来说，没有必要对失势之人再予打击。人遭遇困境，本身已经不易，还要落井下石，岂不把人逼死？做人大可不必跟随别人一起落井下石，应该坚持自己的原则。即使不能帮他，也不要上去推他一把。

其实，曾小娟辞职，也未必就如了总编的意。如果杂志社的某位编辑，能够在战争刚起的时候，出来调节一下，把双方的矛盾缓和一下，也许事情解决起来并不是那么麻烦。这样，无论是对于总编还是对于曾小娟，都会在心里存一份感激。

人，生存于社会，每个人的价值观不一样，做人的原则也不能让所有人满意，在这个社会中生存，每个人都有可能遭遇不幸，大可不必在别人落难时还要雪上加霜，那样对自己本身不利，也有失一个人做人的原则。

给别人铺个台阶

古代有位大侠郭解。有一次，洛阳某人因与他人结怨而心烦，多次央求地方上有名望的人士出来调停，对方就是不给面子。后来他找到郭解门下，请他来化解这段恩怨。

郭解接受了这个请求，亲自上门拜访委托人的对手，做了大量的说服工作，好不容易使这人同意了和解。照常理，郭解此时不负人托，完成这一化解恩怨的任务，可以走人了。可郭解还有高人一招的棋，有更高妙的处理方法。

一切讲清楚后，他对那人说："这件事，听说过去有许多本地有名望的人调解过，但因不能得到双方的共同认可而没能达成协议。这次我很幸运，你也很给我面子，我了结了这件事。我在感谢你的同时，也为自己担心，我毕竟是外乡人，在本地人出面不能解决问题的情况下，由我这个外地人来完成和解，未免使本地那些有名望的人感到丢面子。"

他进一步说："这件事这么办，请你再帮我一次，从表面上要做到让人以为我出面也解决不了问题。等我明天离开此地，本地几位绅士、说客还会上门，你把面子给他们，算作他们完成此美举吧，拜托了。"

郭解这样在帮助别人的同时还能顾及其他绅士的面子，这样想必又赢得了这些人的心，为他在当地更好地立足、拓宽人脉创造了有利条件。

人都是爱面子的，你给他面子就是给他一份厚礼。人们总是尽其全力来保持颜面，为了面子问题，可以做出常理之外的事。

因此，要尽量避免在公众场合使对方难堪，必须时时刻刻提醒自己不要做出任何有损他人颜面的事。只要你有心，只要你处处留意给人面子，你将会获得面子。

赏析

假道伐虢，出自《左传·僖公二年》："晋荀息请以屈产之乘，与垂棘之璧，假道于虞以灭虢。"假道，是借路之意，此计的关键便在此。善于寻找"假道"的借口，善于隐蔽"假道"的真正意图，突出奇兵，往往可以取胜。

生活中，人们常常借用京剧脸谱的含义来形容严厉、不讲情面的人为"黑脸"，而具有调和力、能够以温情安抚者则被称为"白脸"。在人与人的交往中，免不了会有磕磕碰碰，有时会由此而引发更为激烈的矛盾。在敌我之间，往往会有第三方会被动地卷入其中，而第三方的立场和观点，往往决定着敌我之间的胜负。同时，第三方会在双方的交战中感受到威胁，这个时候，如果作为女性的你，能够借机巧扮"白脸"，演一个和平使者的角色，对于被动卷入的一方，好言安抚，巧妙开导，建立自己在对方心中的信赖感，让对方感受到你温情的一面。第三方会从心底里不自觉地想要臣服于你的体贴和智慧，从而，最终成为你的死党，死心塌地地与你联手与对面的"敌人"抗争。同时，注意自己不要去做"黑脸"，让第三方与对手联合起来，因为"唇亡齿也寒"，当你对别人伸出援助之手时，你也同时为自己储存了一份助己之力。

其实，并非只有在敌我双方矛盾的时候，才有必要去安抚开导第三方，让其为自己所用，在社会生活、人际交往中，任何时候你的好言安抚，巧妙开导，都会让遭遇挫折和不平的人对你产生信任感，而最终成为你的人脉网中的一员，随时为你所用。

第27计

指桑骂槐：说话不可太直接

兵法原文

大凌小者，警以诱之。刚中而应，行险而顺。

原文今译

强大的要制服弱小的，要用警告的办法来诱导他。主帅适当的强硬，便会有部属应和；施用果敢的手段，可以使人敬服。

语言是思想的载体，大多数的沟通，都是通过谈话来进行的，沟通是一项艺术，懂得说话技巧的人，必定能比别人拥有更多成功的资源。如果要把女人同说话联系起来，相信很多人都会想到“伶牙俐齿”“嘴尖舌利”，的确，通常情况下，女人在语言表达上更具天赋。但是具有这样的天赋，也并不是不必再修炼了。没有人能够完全掌握说话的技巧，语言的沟通是最直接、最普遍的沟通，中国语言有其含蓄、绕弯的特征，因此，如果你无法理解别人说话的真正意思（也就是对方的弦外音），那么，就必然会造成沟通障碍，或者当你在对别人说话时不注意方式，不懂得委婉含蓄，也很可能导致谈话氛围紧张尴尬，从而影响谈话双方的关系。

有话可以绕着说

“直则枉，曲则全”，做事情是这个道理，说话也是这个道理。

说话要学会“绕”，正所谓“曲径通幽”，就像轮船要善于“绕”，才能避开险滩暗礁，一帆风顺。有时说话避重就轻，避实就虚，采取绕道而行的曲线策略，也能为自己减少很多不必要的麻烦。

有些话虽然是真心真意的，但也不能毫无遮拦地脱口而出，那会让对方误解你的意思，从而引起不必要的误会。

作为自由撰稿人的小敏，平时就在家里写写稿子，赚点稿费。一天，家里来了一位客人，坐在客厅里一直聊，无意离去。而偏偏小敏有一篇稿子要赶出来，但是，她屡次暗示客人，那位客人就是“执迷不悟”。无奈之余，小敏心生一计，对他说：“我家的菊花开得正旺，我们到园子里去看看怎么样？”

客人欣然而起，于是小敏陪他到花园里去观赏菊花。

看完后，小敏趁机说：“还进去坐坐吗？”

这时，客人看看天色，恍然大悟地说：“不了，不了，我该回家了，要不会错过末班车的。”

如果小敏直接声明自己有其他事情要做，可能会让客人感到尴尬，甚至会有些恼怒，从而影响到两人的感情。

生活中，我们经常会碰到类似的“执迷不悟”的客人，类似的令人无奈的事情，这时候，就需要我们讲究一点儿讲话的技巧，让对方“自觉”退出，而又不伤人自尊。

人们总是欣赏有话直说，其实，更多的时候，有话需要绕着说，说得委婉一点儿，含蓄一点儿，给对方留个面子，也显示出自己的礼貌。

19世纪时，意大利有个著名的作曲家罗西尼。一天，一个作曲家带着一份七拼八凑的乐曲手稿向他请教。在演奏过程中，罗西尼不停地脱帽。作曲家问罗西尼：“这屋里太热了吗？”

罗西尼回答道：“不，我有见到熟人就脱帽的习惯。在阁下的曲子里，我碰到那么多熟人，只好不停地脱帽。”

罗西尼巧妙地用“那么多熟人”来暗示曲子缺乏新意，抄袭太多，既含蓄又明确地向对方表明了自己的看法和意见，既不伤情面，又达到阐明己意的目的。

通过曲折隐晦的语言形式，把自己的思想、意见暗示给对方，以达到自己的目的。这种表达方式既可以达到批评的目的，又可以避免难堪的场面，常被用作说服的有效手段。

会听弦外之音

“说话听声，锣鼓听音”，这个“声”指的就是言外之意。通常除说话以外，一个眼神、一个表情、一个动作都可能在特定的语境中表达出明确的意思，就是同一句话也可以听出其弦外之音、言外之意。

与人交往中，有时会碰到不好直言的情况，这时，要能听出别人说话的弦外之音，不要顺着自己的思路一路走下去，否则，会让彼此都很尴尬。

邓主编约孙教授为刊物写一篇稿子，恰巧邓主编的刊物搞座谈会，他也邀请了孙教授。孙教授刚进会场，邓主编就冲了过去：“太好了！太好了！我一直在等您的稿子。”

“糟糕！”孙教授一拍脑袋，“我留在桌子上，忘记带了。”又拍拍邓主编的肩膀，“明天，明天上午，你派人来拿，好吧？”

“没关系！”邓主编一笑，“也不必等明天，我等会儿开车送您回去，顺便拿。”

孙教授一怔，也笑笑：“等会儿我还有事要办，还是明天吧！”

座谈会结束后，邓主编到停车场开车回家。转过街角，正巧看见孙教授和李编辑在等出租车。

邓主编摇下车窗热心地问：“二位要到哪里去？”

李编辑说：“陪孙教授回家。”

邓主编一听，就停下车将孙教授和李编辑拉上车。邓主编边开车边对孙教授说:“我送您回家,顺便拿稿子。”

“我家巷子小,尤其这假日,停满车,不好进。”孙教授拍拍邓主编,“还是把我们放在巷口吧,明天上午把稿子给您送去。”

谁知邓主编却说自己顺路,一定要去。邓主编硬是转过小巷子,一点一点往里挤,开到了孙教授的家门口。

“我还得找呢!这巷子不好停车。”孙教授说。

“没关系,您不是说就放在桌子上吗?”正说着,后面的车大按喇叭催促。

“您还是别等了!”孙教授拍着车窗,“实话告诉您吧,我还没写完呢……”

孙教授再三找借口推辞,邓主编居然没有听出孙教授“我还没有写完呢”的言外之意,结果弄得两人都不愉快。

说话要有说话的艺术,听话也要有听话的技巧。听清对方的弦外之音,对于说者而言,表现了自己的智慧和技巧;对于听者而言,也表现了自己的聪明和礼貌。

学会婉拒别人

生活中常有这样的事,有人求自己帮忙,但却实在是办不到,此时若直言拒绝,一定会使对方难堪或伤害对方,那么该怎么办呢?

既然不喜欢,为什么不拒绝呢?说起来容易做起来难,都是同事或是亲朋好友,怎么拒绝?其实,也许我们的拒绝根本伤不了别人的面子,而你又落个轻松自在,同时也让被拒绝的人了解你的坦荡和真诚。

有一次,林肯在某个报纸编辑大会上发言,指出自己不是编辑,所以他出席这次会议,是很不相称的。为了说明他最好不出席这次会议的理由,他给大家讲了一个小故事:“有一次,我在森林中遇到了一个骑马的妇女，我停下来让路，可是她也停了下来，目不转睛地盯着我的面孔看。她说：‘我现在才相信你是我见到过的最丑的人！’我说：‘你大概讲对了，但是我又有什么办法呢？’她说：‘当然，你已生就这副丑相是没有办法改变的，但你还是可以待在家里不要出来嘛！’”

大家为林肯幽默的自嘲而哑然失笑。林肯在这里巧妙地运用了自嘲来表达自己的拒绝意图，既没让人难堪，还在愉快的氛围中领悟到林肯的意图。

钱钟书先生一连说过七个不字，“不必花些不明不白的钱，找些不三不四的人，说些不痛不痒的话”。

女人学会拒绝，就得学会向自己挑战，向我们的面子挑战；学会拒绝，就是拒绝这种面子，就是拒绝来自我们内心的自卑、懦弱和虚荣，让自己变得真实、自信、勇敢起来：学会拒绝，就要敢于对自己不喜欢的人和事，大胆说个“不”字。

不要因为害怕伤害对方的感情和面子而硬撑着答应所有的请求，一旦你不能像别人期望的和你承诺的那样把事情办好，甚至耽误事情，反而会弄得自己和朋友都觉得不好意思。

培养良好的说话风度

要想成为一个有魅力的女性，首先就必须培养自己良好的说话风度。所谓说话风度，是一个女人的内在气质在言语上的表现，是一个人的涵养的外在表现。

一个女人说话是否有魅力，直接影响到她是否对对方具有吸引力，也关系到她是否具有良好的人缘，同时还影响到她能否自如地与别人说话，并表现出足够的自信。

优雅的谈吐就像整洁的仪表，会使人觉得十分愉快。如果你能习惯运用文雅的辞令，即使偶尔开个玩笑，说些俏皮话，对方仍旧能够感受到你内在的涵养和气质，而乐于与你交谈。

与别人讲话时，你的一举一动都能显示出你有没有教养。比如，抖动腿脚或许能消除紧张情绪，但却是一种很不礼貌的举止。它会使人感到你是一个缺乏自信的人。在交谈中不自觉地挠头摸脑也是一种不雅的行为。这种不自然的动作既不卫生又显出你过于拘束或怯场。它能造成他人对你的轻视，认为你缺乏社交经验，不懂礼貌或不善言谈。

良好的说话风度，往往具有很大的吸引力。但是同时要注意，你也不要为了风度而风度，结果让自己反而显得矫揉造作或搔首弄姿，毫无风度可言。你应该按照自己的个性、身份，以及说话的对象和说话的场合，适宜地展现自己的风度。

赏析

在军事应用上，“指桑”而“骂槐”，对于弱小的对手，可以用警告和利诱的方法，不战而胜。对于比较强大的对手也可以旁敲侧击威慑他。指着桑树骂槐树，比喻表面上骂这个人，实际上却是骂另一个人。这是一种情绪发泄术，旁敲侧击术。在环境、身份、礼节等多种因素的限制下，骂人者想骂某人，又不便直接骂，便另外找个对象来骂，让被骂者感到在挨骂，但没有被指名道姓，又不能站出来对着骂。

在现代社会生活中，指桑骂槐不失为一门说话的艺术，它给我们的启示是：说话要讲究方式，不可太直接。尤其那些拒绝、批评等有可能伤害到对方或其他人面子或自尊的话，一定要讲究方式，以委婉含蓄的语言和方式去表达，以期达到沟通的最佳效果。

第28计

擒贼擒王：找有能力的人办事

兵法原文

摧其坚，夺其魁，以解其体。龙战于野，其道穷也。

原文今译

摧毁敌方的中坚力量，抓获敌方的首领，就可瓦解敌人全军的力量。无首的群龙在旷野拼斗，已经到了末路。

战场上，一旦把首领拿下了，就胜利在握了。生活和工作中的一些事情，一旦找到了某个领域的直接负责人，什么事情都好办了。举个很简单的例子，比如购物时，你希望对方给你打折，而售货员告诉你这都是明码标价，目前没有打折活动。这时，你再继续跟售货员磨是没有太大作用的，有经验的人会直接找经理。因为经理就是这里的"王"，价格是他规定的，当然也可以由他来修改。而售货员的职权就是按照规定的价格卖东西，却不能擅自降低价格。当你拿着那件售货员说无法降价、而找来经理后却给你优惠了的物品回家时，是否想到了"擒贼先擒王"这个真理？当然，这个理论并非只用在购物上，应用到人际关系领域，就是指把握好机会，找到真正有能力能帮助你的人，利用一切可以利用的资源，让别人帮自己成功。

用好上司这支拐杖

身在职场，离不开老板的栽培和提拔，所以，有心计的女人，在职场交际中，能够很好地利用与老板的关系，把老板作为事业向前的拐杖。那么，怎样才能够与上司建立起亲密的关系，用好这副拐杖呢？以下方法可以借鉴：

(1)正确看待领导

如果把上司看成你命运的主宰，成功的阶梯，首先要去迎合他们：不要把自己与他们截然分开，认为他们与自己毫不相干，除了公事以外，彼此不闻不问；也不要认为他们是高自己一等的人，对他们敬而远之；抑或觉得他们学历比自己还低，对他们不屑一顾……所有这些想法，都导致不易与上司相处。

正确的方法是应该把上司看做是与你的前途密切相关的人，是你的直接领导，你应该尊重他，让他对你产生好感。不论是上司的公事还是私事，你都应该积极关注，努力做好，这样，你才能与上司搞好关系，从而在实现自己的过程中，能够让他们助你一臂之力。

(2)与上司相处最重要的是尊重其职权

在上司没做主张之前，有什么意见和建议可以尽管提出。但是，如果他已经决定好了的事情，就不要再做争执了。记住，你看见的只是其一，他定的却是全盘大计。你做的事，他必须负责到底。不要以为自己的想法比上司的高明，作为下属，服从领导是一种美德。

(3)不卑不亢是起码的态度

不要把老板当作重要人物来崇拜，有些人在领导面前手足无措，战战兢兢，连话都不会说，这样的人领导是不会欣赏的，他也不会与你建立友好的关系。别千方百计地讨好上司，更不要牺牲同事来博取上司的欢心。有主见的上司最不喜欢的就是拍马屁的人，过分的吹捧，就会适得其反。当然适当的赞美也是必要的，当上司有好方法、妙主意时，可以向他表露你的赞美之意。

(4)最受上司看重的还是工作表现

你工作有成绩,他也有一份功劳,你与上司处得越好,干得就越有劲;你帮他把事情办好,自己的前途也越光明。

(5)对上司应以诚相待

如果有两位以上的领导,你必须认清谁是你的主管,应将有关业务的问题向他请示,获得他的信任与支持。另一上司交给的事情,在不相互冲突的情形下,也应尽力去办理。如果与直接上司的指示相冲突,你应委婉陈述困难,求得谅解,不可在两位上司之间投机取巧,否则,你会里外不讨好。

(6)在上司面前,要常常称道他人的才干

一个精明的领导,不喜欢别人在他面前搬弄是非,他会认为"来说是非者,必是是非人"。这对一个清醒的领导来说是重要的,你必须学会常说别人的好话,而不说别人的坏话。如果被你说坏话的人,恰恰是上司欣赏的人,你的结果就可想而知了。

(7)要让上司了解情况,这点最重要

无论好的或坏的消息,都要及时报告,不可对上司隐瞒情况。

(8)即使上司十分信任你,也不要独断专行

不要做任何擅自专行的事,否则,就会侵犯上司的职权或占夺同事的功劳。如果你能这么做,上司就定会发现你,会把你当做一个人才来重视,最后你将受到重用。

(9)不要时常向上司汇报困难

工作中有困难是不可避免的,如果向上司述说困难,那么,在陈述困难的同时,要尽量提出解决困难的有效方法,否则,会使上司低估你的办事能力。

(10)尊重上司的个人隐私

不要经常打扰上司,尤其在不是工作时间的时候,对于小事情,也不必件件请示,有些事情等到有圆满的结果时再向上司报告,这样可以加深上司对你的良好印象。不可当众谈及上司的私

事，每个人都有自己的个人隐私，当众谈论上司的私事，往往会让上司尴尬，因此，上司也会让你为此付出代价的。

女人大都温柔心细，在与上司搞好关系这一点上，自有着男性不如的优势，但也不要过分利用姿色去取悦男性上司，那样，往往结果会适得其反。

“女人国”里也能找到互助

随着女性越来越多地跻身职场中，女人管理女人的“女人国”渐渐多了起来。不可否认，女人身上不可避免地有一些缺点，如敏感、多疑、嫉妒等，你是一个女人，如果你的上司也是一个女人，这太可怕了。女人和女人的上下级关系原本就是很恐怖的关系，几乎等同于情敌。有一项针对467名职业女性的调查显示，78%的受调查者认为，女上司比男上司更难应付——因为，女性在分开工作和个人情绪方面，可能不如男性；而滥用职权的情形，却丝毫不会比“成功男士”逊色。但是，女下属与女上司之间也并非总是水火不容，只要你能恰到好处地把握好与女上司相处的度，相信你的女上司一样可以为你所用，而且会热情地帮助你渡过难关。

身为女下属，在与对方相处时，你要格外给自己多加几个“提醒”：

给足上司面子。当她没有面子时，可能会处处为难你，让你什么事也干不成。穿得朴素些，不要罩住女上司的光彩。对拥有青春的下属来说，穿得像女上司一样雍容华贵，是对她的成就感的一种微妙侵犯。另外，不要穿得像她的孪生姐妹，与女上司撞衫可是职场大忌！出风头的事，让上司去做。做她的陪衬，尤其是个美丽的陪衬。

小芸能力强，工作出色，常博得老总赞许，其他同事也不乏赞美之词。不仅如此,小芸人也长得漂亮,而且还总能把自己打扮得风采出众,常引得周围一片"惊艳"之声。小芸的部主任是位颇有风姿、年近四十的女性。小芸刚进公司的时候,主任对她也很亲切,后来却越来越冷淡。小芸一直不明就里,直到有一次,部门全体出动举行年终庆贺,酒桌上小芸出尽风头,去唱歌时,她也是当仁不让的"麦霸",然而就在她兴冲冲地要唱第三首歌时,在众人的掌声里,她无意中看到了有点儿受冷落的女主任,她扭到一边的脸上有着极其明显的不快。就在那一刻,小芸终于明白了一切。

喜欢出风头是女人常犯的毛病,虽无大碍,但是最好不要盖过女上司。

另外,不管女上司是否严肃,记住在电梯里要对她露出微笑。与男上司相比,女上司更关注你与他人融洽相处的能力,而不是你单枪匹马的业绩。

在女上司生病时,记着给她打电话表示问候。登门慰问倒不必,一些从不以"素面朝天"形象出现的女上司或许并不愿意向你展露她病弱的形象。

与女上司的相处,还要讲究具体问题具体分析,聪明的你,只要用心领悟,一定能够处理圆满的。

培养生命中的贵人

一个人要想取得某种成就,必须具备一定的条件,而这些条件的客观方面却往往掌握在别人的手中。接受别人的支持和帮助,就像一颗优良的种子不拒绝一块适合自己生长的土壤,势必会加速一个人的成功,有时甚至决定着一个人的命运,而这个人就是你的贵人。

其实,贵人可遇也可求,有许多机遇、许多贵人都是在你日常交往中出现的。也许你的贵人就是某一天在大街上擦肩而过的一个陌生人,然后突然有一天就走入你的生活,给你的生活带来翻天覆地的变化。

看《大长今》,一边为长今坎坷的经历唏嘘,一边又为她的好运气而感到欣慰。她虽然一路走得很艰难,但她走到哪里都能遇到贵人。从最开始的姜德久夫妇到韩尚宫、郑尚宫、郑主簿、张德,甚至是张尚膳、皇后和皇上,这些人都是她生命中很重要的贵人。当然还包括她的好姐妹:连生、闵尚宫、信非、阿昌这些不同阶段结识的值得交往的好朋友。正是这些贵人使长今能够"历经重重磨难,最后修成正果"。

你的贵人就在你的关系网中。在这个关系网中,有各式各样的朋友,他们能够从不同的角度为你提供不同的帮助,有许多机遇就是在与朋友交往中出现的。

王欣所在的单位新来了一位主要领导,需要配备秘书。领导便委托王欣为自己物色一名秘书,于是王欣就推荐了自己的同学兼好朋友小洁,她们都是某大学中文系2007届毕业生,王欣知道小洁肯定胜任秘书职位,于是就推荐了她。在许多人跃跃欲试的情况下,小洁被选中了。结果,领导本人满意,组织考查合格。正在为前程奔波的小洁更是欣喜若狂。对于小洁来说,王欣就是她的贵人。

其实,贵人就在你的左右,要时刻想着自己的贵人就要出现了。这个时候,你对所有事情的看法都会改变,一件坏事可能会变成一件普通的事情,一件普通的事情又可能会变成一件好事,一件好事可能会变成一个机会,一个机会又可能会变成一个良机,一个良机便可能变成一个转折点。

值得注意的是,遇到可以让你的人生变得更丰富多彩的人时,你应该诚心诚意地去相处,丢掉要从对方身上得到什么好处的想法。你不能把交朋友本身也当作是一种必须讲求回报的投资，就算见面的初衷是为了提高自己人生的质量，也要从付出真心开始，只要你全心全意对待朋友，相信大家自然也会成为你人生的强力支柱。

千里马常有，而伯乐不常有，如果你是一匹千里马，不要等待，快快行动起来，用你的智慧和胆识，结识能够帮助你的朋友，去寻找能够相助自己驰骋千里的伯乐。

赏析

"擒贼擒王"出自唐代诗人杜甫《前出塞》："挽弓当挽强，用箭当用长，射人先射马，擒贼先擒王。"一个组织的形成和发展取决于少数关键人物。一旦关键人物站不住了，便树倒猢狲散。此计用于军事，是指打垮敌军主力，擒拿敌军首领，使敌军彻底瓦解的谋略。

在现代社会中，对于身处复杂生活环境中的女人，在处理人际问题时，要找到关键人物，找到真正有能力的人办事，事情才会办得如你所愿，切记不要在无关紧要的人或事上浪费太多的时间和精力。

第29计

抛砖引玉：结识比自己优秀的人

兵法原文

类以诱之，击蒙也。

原文今译

用类似的东西或手法去引诱敌人，使其懵懂上当，然后再乘机击溃敌人。

要想成为什么样的人，你就要选择跟什么样的人在一起。你要变得积极，就要与比你更积极的人在一起。而要想和优秀的人结识，就要想办法走进优秀人的圈子里，给自己创造机会，走近优秀的人，用自己这块砖，引出对方那块玉，然后，才能近玉而洁，近朱而赤，才能得到优秀人士的影响，从而让自己的价值也得到提高，成为优秀的人。

结交比自己优秀的人

人要想立足于社会，一定要拓展自己的人际关系，尽可能地多交朋友。朋友多了，视野才能更开阔，生活才能更充实，自己的机会也才会越来越多。"近朱者赤，近墨者黑"，要想成为什么样的人，就要与什么样的人结交。

你要永远寻找比你本身更好的环境。无论你是飞黄腾达，还是穷困潦倒，只要你选择与比你优秀的人在一起，当你落败时，他会帮你检讨总结，为你加油助威；失败是暂时的，成功是最终的必然；当你成功时，他会提醒你，重新给自己定位，人生的意义不仅在于超越别人，最重要的是要超越自己。

有些人之所以容易失败，是因为不善于和比自己优秀的人交际。有一个形象的交友风筝理论：大意是，处在空中的风筝，应该努力去搭扯上比自己飞得高、飞得快的风筝，同时，要剪断拉扯着自己的比自己慢、比自己低的风筝之线。这个理论听上去似乎很冷漠无情，仔细想想，倒也情理俱在。

马克·吐温说：尽量远离那些轻视你雄心壮志的人。挫他人的志气是小人一贯的伎俩；相反地，真正伟大的人则会令你感觉自己的不平凡。

第一次世界大战中法兰西的陆军元帅福煦曾说过："青年人至少要认识一位善通世故的老年人，请他做顾问。"

萨加烈也说了同样的话："如果要求我说一些对青年有益的话，那么，我就要求他们时常与比自己优秀的人一起行动。就学问而言或就人生而言，这是有益的。"

不少人总是乐于和比自己差的人交际，当然，在与比自己差的人交往时，能产生优越感。但是从不如自己的人当中，显然是学不到什么的，而结交比自己优秀的朋友，能促使我们更加成熟。对于女人而言，尤其是懂得结交比自己优秀的朋友，才能给自己更多地展示自己、成就自己的机会。我们可以从劣于我们的朋友中得到慰藉，但也必须获得优秀的朋友给我们的刺激，以助长勇气。

其实，几乎所有的人都渴望能和才华横溢的人成为知交，与才华横溢的人交往，假使自己也小有才气，那更是有机会得到对方的提携和欣赏。即使达不到此目的，也能满足自己与其共荣的心理。但是，不论对方多么有魅力，如果自己就此终止和其他人的交往，单独和这群人往来，那将会得不偿失。

别人会做的，你也要涉猎

为了不让人生处处碰壁，为了让自己能够进入一个更高的圈子，该学的东西应该早一点学会。在学习的过程中，也可培养你的征服欲和自信心，给你的生活带来活力。时间这个东西是想挤出来就能挤得出来的，没有时间终究只是个借口。年龄越大，你会更加忙碌而没有时间，而且接受新东西也会越来越迟钝。如果时间是你的借口，那你什么都学不好。

能精通一样本领的人，往往是样样都精通的。而且，本领多的人和什么人都可以畅谈一番，因此容易和各阶层的人打交道。相信没有人会否认，会打高尔夫的人更有机会接触“能打高尔夫的人”吧。本领越多的人，更有机会遇到各阶层的人，从而接触更广阔的世界。如果一个女人，除了工作什么都不会做，那你的命运也不会太好。

对于家境富裕的女孩而言，会拉小提琴或者会弹钢琴，都不是什么稀奇的事情，但是，对于在低收入家庭成长的孩子而言，父母从生活费中挤出钱来买一台电子琴，已经是一件值得高兴的事情了。不输给任何人的自信，也是生活的本钱。如果你不是天生的贵族，那就更应该学别人会的东西。

不论是运动还是乐器，至少有一两样要拿得出手，这才是提高自身价值的好方法。如果想让自己更有价值，那么，别人会的东西，你也要涉猎一点。学会演奏一样乐器，或者学习跳舞，也可以学一些滑旱冰或是打网球之类的运动，总之要培养一个可以打发空闲时间的兴趣。

从未穿过滑冰鞋的人，如果因为聚会而去了滑冰场，当别人玩得高兴的时候，自己却要从走路开始一步一步学起，是一件有点儿尴尬的事情。去 KTV 聚会，也会在新歌不断的同事们面前愈来愈怯场。

当然，如果光坐在家里看电视打发时间，也不是不可以。但是，这个时代的女性，不应该过这样生活。现代女性是和男性一样的社会中的一员，是要工作、要生活、要娱乐、要休闲的新女性，女人一样应该跑到外面去，见到更多的人、经历更多的事情。

所以，想要接触更多的人，就要涉猎更多的领域，让自己有机会提升自己，就会得到更多人的帮助和提携。

书籍，是你结交优秀的敲门砖

书是人类从洪荒到启蒙的捷径，书是改变一个人最有效的力量之一。一个女人的气质、智慧、修养都是和大量的阅读分不开的。要想让自己涉猎广泛，要想使自己更有气质、更有吸引力，要想让自己更快地融入杰出人士的圈子里，读书是必不可少的。一个女人要想让自己变得可爱、漂亮或者具有吸引力，那就去读书吧，只有书籍才会让你保持永恒的美丽。

每个女人都有各自不同的路要走，对于书籍的需求也当然各不相同。对于书籍，女人可以根据自己的感觉来寻找属于自己的阅读之路。那些宝贵的书籍，可以让你看起来更有品位、更有气质，也更加美丽。

美容手册、瘦身手册、菜谱等书籍，自然是每个女人都应该涉猎的，但女人要想做自己想做的女人，焕发真我的风采，让自己从内而外焕发气质的美丽，却不能仅仅靠这些书籍。作为一个女性，应该博览群书，放眼世界，以明己知世，有效吸取最充足的养分。所以，女人最好什么书都要看一点，比如文学、哲学、戏剧、军事、政治、传记、历史等。

读书，特别是读名师的书籍，能与大师对话，与智者交流，是一次难得的精神之旅。经过岁月淘洗的经典书籍是品位女人必读的，智慧、敏锐，会在这一次次阅读中得到，胜过许多空洞的追求。

女人读书，不仅要选择书的内容，更要注意养成良好的阅读习惯，一是要有时时阅读的习惯，二是要有读书读第二遍的习惯。良好的阅读习惯能够影响一个人的思维方式和生活习惯，还会影响到女人的婚姻。

小凡很喜欢读书，而且碰到一本好书往往要看好几遍。她已经结婚5年，夫妻之间一直和和睦睦，很少有红脸的时候。用她的话来说，是她的阅读习惯，成就了她的幸福婚姻。

小凡反复读过的书不知有多少本，就拿钱钟书老先生的《围城》来说，小凡就已经前前后后读了四遍。小凡第一次读《围城》是在高中一年级，那时候学习时间很紧张，她就趁着课间时间抓紧阅读，生怕时间从指缝间溜走了，第一次读《围城》，小凡读到的只是一个故事。

上了大学的小凡再次翻起了《围城》，这次时间充足，她可以细细体味书中的妙处，而这次吸引小凡的正是那些绝妙的比喻。工作结婚后，小凡又读了两遍，而且越读越觉得有味。原先跳过不看认为繁琐的章节，现在变成了古董，端在手里小心翼翼而又激动非常。这次她读到了隐藏在讽刺背后，钱钟书先生的处世哲学，更了解了婚姻围城中的种种。

世界有十分美丽，但如果没有女人，将失掉七分色彩；女人有十分美丽，但如果远离书籍，将失掉七分内涵。书能够影响人的心灵，人的心灵和人的气质又是相通的。喜欢读书的女人，学历可能不高，但一定有文化修养。“腹有诗书气自华”，经常读书的女人，一眼就能从人群中分辨出来，特别是在为人处世上，也会显得从容、得体，尽显女性的优雅魅力。

打造自己的人际关系网

活力四射的新时代女性，善于塑造自我、肯定自我、提升自我，在这个时代，女人的主体性和独立性被发挥得淋漓尽致。努力工作，但绝不让脸色变得“狰狞”或枯槁；爱护家庭，但绝不婆婆妈妈、拖泥带水；享受爱情，但更看重和朋友们自足自乐的“约会”；把握现在，但更懂得积极地设计自己的未来。

在现实生活中，女性如何进行交往是有许多技巧和经验可循的，下面就提供一些成功与人交往的技巧，供女性朋友参考：

(1)推销自己

与人交谈时，要学会适时推销自己。当别人想要与你建立关系时，人们常常会问到你的职业，这时，如果你的回答平淡似水，比如只是一句“我是电脑公司的一名职员”，你就失去了一个与对方交流的机会。比较得体的回答是：“我在一家电脑公司负责软件的开发工作，主要开发一些简单实用的软件程序。平时闲暇时，经常打打乒乓球、羽毛球，并且热爱写作。”在短短的几秒钟时间里，你不仅使你的回答增添了色彩，也为对方提供了几个话题，也许，其中就有对方感兴趣的地方。

(2)组建有力的人际关系核心

选几个自认为能靠得住的人组成良好、稳固、有力的人际关系的核心。这首选的几个人可以包括自己的朋友、家庭成员和那些在你职业生涯中彼此联系紧密的人。他们构成你的影响力内圈，他们能让你发挥所长，而且彼此都希望对方成功。

(3)与每个人保持积极联系

要与关系网络中的每个人保持积极联系，唯一的方式就是创造性地运用自己的日程表。记下那些对自己特别重要的人的日子，比如生日或周年庆祝等。打电话给他们，至少给他们寄张贺卡，让他们知道你心中想着他们。

(4)无益的老关系不必花太多时间维持

不要花太多时间维持对自己无益的老关系。当你开始选择可以助你一臂之力的人时，你可能不得不卸掉一些关系网中的额外包袱，以节约你的时间和精力。

(5)遵守关系网络守则

时刻提醒自己要遵守关系网络的规则，不是"别人能为我做什么"而是"我能为别人做什么"。在回答别人的问题时，不妨再接着问一下："我能为你做些什么？"

(6)帮助他人

不论你关系网中谁遇到麻烦时，立即与他通话，并主动提供帮助。这是表现支持的最好方式。

(7)以最快速度去祝贺

当你的关系网成员升职或调到新的公司时，祝贺他们。同时，也让他们知道你个人的情况。如果不能亲自前往祝贺，最好也应该通过电话来表达一下自己的友谊。

(8)利用好自己的商务旅行

如果你旅行的地点正好邻近你的某位关系成员，不要忘记提议和他共进午餐或晚餐。

(9)多出席些重要场合

多出席一些重要的场合。因为重要的场合可能会同时汇聚了自己的不少老朋友，利用这个机会你可以进一步加深一些印象，同时还会认识不少新朋友。

(10)别总做接受者

在交往中不能总做接受者。如果你仅仅是个接受者，无论什么网络都会疏远你。搭建关系网络时，要做得好像你的职业生涯和个人生活都离不开它似的。

女人要在社交上独立，一个鲜明的特征就是有自己的圈子。

拥有自己的交际圈，也说明女人的交际范围广泛。聪明的女人善于打造自己的交际圈，她们在多个交际圈中长袖善舞，这不但是女人的自信，也是女人魅力的表现。

赏析

“抛砖引玉”，就是抛出砖头，引来玉石。相传唐代诗人常建，听说赵嘏要去游览苏州的灵岩寺。为了请赵嘏作诗，常建先在庙壁上题写了两句，赵嘏见到后，立刻提笔续写了两句，而且比前两句写得好。后来文人称常建的这种作法为“抛砖引玉”。

“砖”，指的是小利，是诱饵；“玉”，指的是作战的目的，即大的胜利。“引玉”，才是目的，“抛砖”，是为了达到目的所用的手段。另外，发表粗浅的、不成熟的意见或者文艺作品，引出别人高明、完美的意见或作品，也常被称为抛砖引玉。

现代女性，为了使自己有更显著的进步，必须去多结交那些比自己更优秀的人。不要担心自己的拙见会受到嘲笑，不要担心自身的弱势会让自己丢脸，该说的话要说，该暴露的弱势得暴露，因为这样，很可能会引出高手主动为你指导纠正。所以，不要因为自己是块“砖”就不求进取了，“砖”可以引出“玉”来，引出的“玉”又可以为你指点迷津，从而使你也逐渐向“玉”的质地转化。

第五篇

事业：做职场上最美丽的风景

第30计　暗渡陈仓：私下用功以提升竞争力

第31计　趁火打劫：抓住最佳的出击时机

第32计　关门捉贼：造成最稳妥最有利的形势

第33计　混水摸鱼：在混沌中保持清醒的头脑

第34计　借刀杀人：让上司成为助你晋升的"刀"

第35计　顺手牵羊：顺势获取周边利益

第36计　打草惊蛇：巧妙警告自己的下属

第30计

暗渡陈仓:私下用功以提升竞争力

兵法原文

示之以动,利其静而有主,益动而巽。

原文今译

故意把佯攻行动展示给敌方,利用敌方决定重兵固守此地的时机,暗中采取迂回的偷袭行动,乘虚而入以出奇制胜,事物的增益,因为变动而顺达。

职场如战场,当今社会,人才济济,竞争激烈,再加上很多用人单位存在的性别歧视,女人的处境更加艰难。这时,如果在你的工作中,没有机会发挥自己的特长;在你目前的岗位上,不能得到老板的赏识;或者,你在工作中感觉到有些力不从心……无论你现在的境况如何,身为女人,都应明白,时刻不忘为自己充电才是硬道理。空闲之余,“偷偷地”把自己自身的价值提上去,一旦机会到来时,你就很可能“一鸣惊人”。也或者,你现在一切都非常顺利,年轻有为,事业一帆风顺。但是,你也不要忘记,在你周围,还有多少人在暗中努力,你随时都有被代替的危险,所以,继续的努力也是必不可少的。

建造最佳知识结构

知识是人开展工作、安排生活的基本条件。没有相应的知识，工作不能顺利开展，更不用说得到晋升了。现在正处在一个"知识爆炸"的时代，在这种迅猛发展的形势下，办公室一族必须加紧学习，才能适应形势。对办公室一族来说，应该把学习看作是工作的组成部分。学习是为了工作，而要工作得好，必须学习。只有不断用学习来充实自己，才能更好地成就自我。

一个人担负的领导责任越重，他所在的领导层次越高，就越需要具有广博的知识。知识的广博程度，直接决定了一个人知识基础的宽阔性和稳固性。

有人经过测算，发现在人的知识宝库中，经常有用的知识，只占其知识总量的10% ~15%。而这些"经常有用"的知识，按照每个人特有的职业和工作性质，成一定的扇形分布状。这种"扇形分布状"，不是无规律的散乱分布，而是按照科学的内在联系组成的系统化知识。因此，对于时间十分宝贵的办公室一族，完全没有必要不加选择地盲目求"知"，在学习上打疲劳战、消耗战，而应该根据自己的职业和工作性质，将最宝贵的时间和精力，优先用于学习"扇形分布状"内的系统知识。只要获取了这一领域内的多方面知识，同样可以称得上"博"。

办公室一族的知识基础，不仅仅包括书本知识，而且还包括组织方面的实践知识。所以，严格地说，办公室人才的知识基础，应该在大学毕业以后，再经过三至五年实践，才能具备。

现代管理活动，对各类办公室人才的知识精深度，提出了十分严格的要求。"一招鲜，吃遍天"的传统观念，已经越来越不能适应新形势的需要了。取代这种旧观念的，应是"多招鲜，吃遍天"的新观念，也就是人们常说的"双学历""复合型"办公室人才。

办公室一族要建立自己的最佳知识结构，必须积极参加丰富多彩的实践活动，多方面、多角度地积累各种感性知识和实践经验，不断"活化"书本知识。这种"活化"，是对他人积累的理性知识的一种消化过程。同时,也是一种必要的验证和发展。

让自己永远吃“青春饭”

年轻代表着活跃的思维、充沛的精力、好动的头脑和旺盛的创造欲望。如果说过去吃“青春饭”意味着靠美丽的脸蛋儿谋生,而如今所说的吃“青春饭”则是指年轻人以青春的激情和知识才干,在人生的大舞台上打拼。年轻的职业女性,给“青春饭”的定义注入了新鲜的血液,使这个原本带有贬义的名词焕发出强烈的时代特征。

目前,青春一族的女职员们最希望得到的福利不是加薪,不是晋升,而是培训。现代女性明白,美貌是短暂的,职场竞争是激烈的,更是无情的。只靠天生丽质,只放电不充电,最终一定会被淘汰出局。

吃“青春饭”不仅仅需要美丽的外表,更需要内在的智慧。“不再青春”的定义不再是美貌的逝去,而是指因为知识、心态和能力等原因,心理、观念、感觉呈现老态。当我们懂得时刻学习新知识,更新观念,把握时尚,保持一颗年轻的心时,就不会再担心岁月的残酷压力了。

英国73岁的老妇人塞尔芬同样可以成为模特界的大红人,一系列新潮服饰邀请她担任形象代言人。这才是真正吃“青春饭”的高手!从这个意义上讲,在现代社会,“青春”不仅仅是年龄的指标,“青春饭”也不再只是年轻人的专利。这也充分证明,时尚与内秀并存的女性才能魅力永恒。

社会是一个五光十色、变幻多姿的大舞台,生动活泼的角色很多,而每一种角色的背后都是一种知识、一种涵养。如果你能及时把这些记录下来,它就会变成自己的一种经验、一种智慧、一种知识。在女人的命运里,知识是一种不可或缺的养分,美容改变的是外表，但知识充实的是内涵。所以，让知识使你的女性的魅力放射出恒久的光芒。

用能力除掉阻碍晋升的荆棘

工作意味着责任、充满着竞争，职位越重要，女人的工作态度越严谨，随之而来的压力就会越大。

女性在职场上很多时候会受到歧视，从找工作的一开始，多数用人单位就对女性提出非常高的要求。进入公司后，很多条件对女性不利，有的时候并不是你的业绩好，就能得到较高的回报。多数女性在工作经历中，都能隐约感觉到自己与男性不同，感觉到不被群体接受的尴尬和无奈。

杨影最近很郁闷，跟她同时进公司的男同事们差不多都已经做到部门主管了，而她还是在一个小职员的位子上摸爬滚打。其实，她的能力并不比他们差。在上一次的晋升中原来的同事又一次变成了自己的顶头上司，于是杨影萌生了去意。

其实，女性跟男性相比，具有很多与生俱来的优势。因为在强调团队合作的情况下，女性比男性具有更高水平的交往技巧。因此，职业女性可以利用自己的这种能力，在工作中更加充分地发挥自己的特长。既不能整天埋头工作而不顾其他，也不能为了忙于职场的人际关系而搞得满城风雨。你要兢兢业业，对男性喜欢竞争的天性有所了解，更要对他们所主宰的企业文化认识深刻。

女性自身的优势，再加上出色的工作能力，以及了解公司的企业文化，一个能为公司带来很大业绩、对公司发展作出很多贡献的女职员，老板有什么理由不升你的职呢？

面对性别歧视，跳槽并不是解决问题的最佳途径，换到其他地方，一样会遇到同样的问题。改变一些固有的观念也许很难，但你首先要自信，同时展示你的业务能力，还有就是对企业文化的知晓，找到问题的症结所在，然后，依靠自己的能力，发挥自己的特长，让问题得到真正的解决。

命运往往把握在自己手中，只要用心努力了，就一定会有回报。面对晋升的不公平，女人要善于为自己创造条件，勇于为自己争取机会，充分发挥女性的优势，弥补自己的不足，为自己的晋升扫除重重障碍。

女人需要有野心

现代社会是一个到处充满竞争的年代，也是一个需要野心的年代。多元化的社会竞争决定了多元化的可能与不可能。在这个没有任何定数的世界里，只要是人类能研究到的领域都存在着无限多的创新和机遇。这对一个具有野心的人来说，无疑是一个创造自我价值的最好时机。

今天的女人和男人一样可以拥有野心的权利，还可以实施野心的计划，过上野心的生活。虽然会被别人说成是没有女人味。但有一点不可否认，那便是人们在远离的时候不免会生出一丝敬意，佩服女人的豪气，欣赏女人的风采，赞叹女人的魄力。有野心的女人都是极聪明的女人，有野心的女人都也是成功的女人。

人，必须得有野心。只有在野心的促使下，人的本性才能激发出无法预料的能量，从而改变自己的生活，为社会做出应有的贡献。著名央视主持人杨澜表示："野心应该是一个你不应该达到的目标，或者说以你的能力达不到的一个目标。"一个女人若想成功，一定要有野心，否则就不易在这个社会上有所作为。

一个女人，在生活中寻求"变"的愿望越大，就越有可能成功。在如今的社会中，女人是绝对不能放过任何一个能够实现自己梦想的机会的。

只有 Reader 才能成为 Leader

古语说，书中自有黄金屋。如果说有人没在书中找到通向黄金屋的道路，那一定是他阅读过的书籍太少的原因，或者是选择的书籍类型有严重的偏好。

对于所有的人，都有一本书可以改变自己的命运。也就是说，在这浩如烟海的好书中，至少有那么一本是刚好适合你的。曾经有一位贤者经历过和你一模一样的处境，教你克服困难、实现愿望的方法，这是一件非常幸运的事情。

大学毕业刚三年多，穆紫已经换过五次工作了，但目前仍然对工作不满意。每次工作中有点儿不开心，穆紫就会产生换工作的冲动，虽然每次都想“这回是最后一次”，但每每有不顺利，还是不能控制自己。但是，一次偶然的机会，穆紫读到一位美国演讲家的书。起初她只是单纯地想用来打发时间而已，没想到越读越感到无法自拔。

在读这本书的过程中，穆紫清楚地了解到自己在工作上存在的问题。书中列举了不会工作的人，有一个类型的人与她的情况非常类似，书中详细介绍了这种类型的人应该如何克服缺点，提高自己成功的可能性的方法。

穆紫马上就去实践了书中的建议。慢慢地，她完全能够有热情、有欲望地工作了。最终她在第六家公司稳定下来，开始了愉快的职场生活。

书不仅是精神食粮，也是帮助我们的“容器”变得更大的现实工具。这个“容器”有可能是指饭碗，也有可能是指我们包容人生的胸怀。“容器”不够大的人是一定不会成功的。知道多少就能看到多少，看到多少就能想到多少，想到多少就能掌控多少。

如果，不论从精神、物质，还是时间上，你都不足以游刃有余，那么，你首先要多读书，开阔自己的眼界，将来才能掌控更多的东西。如果你不是一个满足当前这种生活的人，那么，你一刻也不应该放下手中的书。在你感兴趣的方面，选择一本书阅读，那么该走的“路”就会清晰地出现在你眼前。

成功的人，无一例外地都喜欢读书。因为，书的必要性与其说是让我们了解未知的世界，不如说是让我们更深刻地认识到已知的另一面。在不增加自己过重负担的前提下，我们应该尽量多读点书。在这个过程中，如果能幸运地遇到那本“命运的伴侣”，你可以多读几遍。只要有恒心，就一定会有出路。

赏析

暗渡陈仓，意思是采取正面佯攻，当敌军被我牵制而集结固守时，我军悄悄派出一支部队迂回到敌后，乘虚而入，进行决定性的突袭。

生活舞台上的男男女女们，也在不时地上演着“明修栈道，暗渡陈仓”的好戏。

而对于生活在职场中的女性，暗渡陈仓也是必不可少的一计，工作的压力，竞争的残酷，让每一位职场女性都不敢掉以轻心，于是，暗中较劲儿，私底下下工夫，业余时间充电，想尽一切办法提升自己自身的价值，也就成了顺理成章的事情。当然，在真正使用这一妙计的时候，有时候有必要“明修栈道”，以迷惑对手，不能让对手看出破绽，方能顺理成章地实现自己的意图。

第31计

趁火打劫：抓住最佳的出击时机

兵法原文

敌之害大，就势取利。刚决柔也。

原文今译

当敌人遭遇严重困难和危机时，就要乘机发动进攻以夺取胜利。因为刚强取决于柔弱。

战场上，抓住敌人最薄弱的环节和时刻，在敌方陷入困境的时候进行出击，是战胜对方的最好时机。对于女性而言，现代职业生涯无疑也是一场激烈的战争，最终能否赢得这场战争的胜利，抓住出手的最佳“战机”是至关重要的。现代女性在自己的职场生涯中，在晋升加薪的机会面前，要学会抓住有利时机，趁着老板欣赏你、同事拥护你的大好时机适时地施展自己的才能，表现自己，推销自己，这一切均关系着你是否能搭上升职加薪的顺风车，从而最终为自己争取到最有利的时机和地位。

了解公司的人事晋升格局

办公室政治生态复杂，就如地球上的生物链，有着残酷的竞争和弱肉强食的一面，身处其中的你，是否清楚这是一个怎样的食物链？而你，究竟是食物链底层的供应者，还是金字塔顶端的掠食者呢？对于年轻的女性，在找准、选定自己的职位后，了解公司的人事晋升格局，将有利于增加你升职成功的机会。

吴丽丽大学一毕业就进入一家知名的外企，跟她同期进入公司的还有十个来自名校的新人。有着强烈进取心的吴丽丽，准确把握和吃透了公司的人事考核制度，一直梦想着能有机会被派往公司在华北分公司工作，然而她也伤脑筋，怎样在同事中不着痕迹地表现自己，而又不会招来同事的反感呢？

经过反复思考，吴丽丽觉得，要想在同事中出人头地，不需要事事都争，但要在关键时刻力争。于是，她把平时一些小的机会，让其他同事去表现，但在关键的时候，她自己坚决而果断地站出来，把一些棘手的问题解决掉。很快，吴丽丽就引起了公司老总的注意，她的能力和表现得到了公司高层的认可，她终于如愿到了她向往的华北分公司。

公司内部的竞争有时会弥漫着浓烈的火药味，稍不注意，就会被拉下马充当遛马的人，此时就应学得机灵一点，适当学习和研究公司的人事晋升格局，摸准公司的考核规则和竞争命脉，抓住每一个可以让自己晋升的机会。

做好充分的准备

每个人的一生，都会面临着很多机会，但是，如果你确实缺少机会的“荫庇”，你也要最大程度地为自己争取机会，展露锋芒。当然，机会从来不会从天而降，机会只会恩赐于随时做好充分准备的人，在机会降临之前，自己先准备好了：

提升专业能力。这是很关键的一点，专业能力代表着你对自己工作的认同感，不断充实与自己职务相关的专业知识能力，除了可以提升自己在此领域的不可替代性，若还能拥有其他的技能或第二专长，就更容易受到上司的赏识了。

扛起压力解决问题。当你在面对巨大的问题或挑战时,要有“泰山崩于前仍面不改色”的能力,在混乱的状况中,能够迅速理清头绪,找出最有效的解决方法,同时要以正面乐观的态度迎接挑战,减少抱怨,如此必能赢得上司的赏识。

拥有一个符合职场要求的仪容。中国有一句俗语:官要有官样。当你要开始准备带领团队时,你不只是要让人看起来是可以撑得住场面,更重要的是,要藉由职场上端正的仪容形象来培养你的权威感,以及团队对你的信赖感,进而取得客户的信任。

培养时间管理能力。从做事的效率中,可以看出你在项目执行上的成熟度,当别人处理一件事的时间,你若能又快又好地同时完成两件以上的事情,不但可以显现出你在时间管理上的能力,对于项目执行的能力上也能同时胜出。

站在公司经营阶层的角度思考。站在公司经营的角度为思考,可以让上司或老板感受到你是属于经营团队的一份子。对经营阶层来说,你的忠诚与可靠,可以充分证明你是可以交付更重要任务的人。

任何一个企业给予职业女性升迁的机会都比同一公司的男性相对要少,作为女性,你务必调整好自己的工作心态,认真而务实地修改自己的职业规划,争取主动出击,为自己创造升迁的机遇。

主动表现而不是等待别人发现

在职场中,适时表现自己是非常必要的。有些人注重实干,希望能用事实来证明自己的才能,自以为只要少说多做,按上司的意思行事就能获得机会。殊不知,过于沉默会给人以木讷感,让人觉得缺乏创新精神。这种表现也会招来上司的反感。上司之所以喜欢有创新精神的员工,是因为只有创新才会给公司带来活力，能为公司创造更多的利润；而一味地沉默寡言则说明了你思想过于保守、工作缺少热情，没有创新精神。

在工作中，女性需要有毛遂自荐的勇气，如果你认为自己行，就要当仁不让，直接向你的上司要求被重用。你要抱着舍我其谁的想法，不要畏畏缩缩，错失展现自己才能的机会。

方晓是一家广告策划公司的文案，进公司半年了，还在做试工期时的文字工作。每天面对着计算机，在拼音和五笔的相互切换中度过一个又一个的工作日。方晓上大学时学的专业是平面设计，对色彩和构图的感觉极为准确和到位。看着同事们完成一个又一个广告创意与平面企划后那份欣喜与满足，她的内心真不是滋味，因为她觉得自己完全可以比他们做得更好。可是，她既不愿主动去参与公司的设计工作，也不好意思向上司讲出自己的想法和期望从事的工作。她相信上司终有一天会看到她，注意到她，但是，她一直也没有等到……

作为单位的领导，他们的头脑中不知有多少事要考虑，多少关系要处理，你勤恳的工作态度他们固然不会视而不见，但若指望他能够明白你的真正需要，那也几乎是可望而不可即的事情。一味被动地等待他人的发现是极为愚蠢的想法，聪明的做法是在上司肯定了你的敬业精神之后，适时讲出你真正的需要，这样反倒会让他觉得你是一个了解自己并充满自信的人，委以重任不说，关键是你得到了自己真正喜欢的工作。

武迪凭借自己的实力进了一家颇有名气的网络公司，她认为自己在公司里是新人，工作经验又不多，人微言轻，因此应该处处保持低调才对。所以在与同事相处时，武迪虽然在很多事情上都有自己的主见，但从不当众提出来，即使与同事见解不同，也从不与他们争论；开会讨论什么问题，更从不抢着发言。她以为只有这样做才会给领导与同事们留下踏实、诚恳的印象，总有一天会因此被上司关注。可以说，武迪在单位里的人缘确实不错，可是在一年多的时间里，每一次提拔都没有她。武迪究竟错在了哪里？很简单，她就错在了不善于适时表现自己。

对于一个生活在信息社会中的现代人来说。首先不仅要会做事，而且还要会“表现”自己。否则，纵使你真是“日行千里”的千里马，也让“伯乐”无法发现，最后只能老死于槽枥之间。女人身在职场，要充分显露你的才华，不要掩藏职业抱负，坐等伯乐的出现。不要怕脸红，成功推销自己才有出路。

抓住机会，让自己脱颖而出

职场生存要的是竞争意识，如果你畏惧退缩，那你就永远不会成为强者，也许你稍不留意，别人就会走在了你的前面，看着别人享有鲜花掌声，你是否会感叹花落无情去呢？要知道在职场获得掌声和鲜花的两个前提：一是要有勇气走上舞台，二是要设计出比对手更曼妙的舞姿。

与其一味消极地等待别人去发现，倒不如采取积极的策略，展示自己优秀的一面，才能在竞争中占据有利的地位，如果你不表现就会被众多的优秀者淹没于无形中。当然，你所拥有的这些一定要是别人所没有的，这样才能体现你的优势。然后再通过适当的途径把它们展示出来，让别人了解你、认识你，从而为自己铺平前进的道路。

市场部职员董莉刚刚被提升为秘书处主任，这不仅是因为她平时所做的策划文案都十分精彩，且常有文章在报纸杂志上发表。当董莉得知秘书处主任一职空缺，公司内定人选是行政助理李秀娜时，自信的她便充分分析了自己与李秀娜各自的优势，并勇敢地进行了毛遂自荐。总经理边翻看董莉的文案，边对她一手漂亮的字发出赞叹，为了公司的发展，考虑之后终于决定把机会留给她。

一个聪明的员工,定是一个非常善于利用自己的优势,充分发挥自己的优秀才干,并牢牢抓住机遇的人。爱美之心人皆有之,爱才的上司也比比皆是,也许你的上司正是一个爱才之人呢,那你就必须有信心勇敢地展示自己的优秀。善于创造机会,及时抓住机会,充分展现自己优秀的一面是非常重要的。

上司和职员的目标其实是一致的,那就是将工作做得漂亮有序,将事业创造得辉煌成功。如果你不懂得去创造机会,有了机会也不知道如何把握,在激烈的竞争中失败当然在所难免。

台湾作家黄明坚有一个形象的比喻:“做完蛋糕要记得裱花。有很多味道很好的蛋糕,就是因为看起来不够漂亮,所以才卖不出去。要是在上面涂满奶油,再裱上美丽的花朵,人们自然就会喜欢来买。”在生存竞争激烈的今天,如果你学不会做一块“涂满奶油而又裱了花的蛋糕”,那你就很难在众多的竞争者中脱颖而出。

要求升迁才能受重用

现代社会,虽然女性在很多方面已经占了主导地位,但是,在职场上,对于大部分的要职,仍然是一个男性化的社会,女性要想成功,要想升迁,无疑要付出比男人更多的努力。作为职业女性,首先要认识到的就是,职业不过是你的角色之一,不要对自己的心理需求视而不见。遇到困难不要逃避,要知难而上,不可退缩,惟有保持良好的心理素质、提升自己的专业技能,才是完美的解决之道。

著名咨询专家珍妮博士在一次管理研讨会上,做了一次话题是“个人才能引导你的升迁”的演讲。演讲结束后,有一位工厂经理比尔来到珍妮博士面前,说道:

“我同意你对升迁的准则,但是你遗漏了一个重要的因素。

你并没有把一个人想得到升迁的重要性说得十分透彻。”

比尔接着说：“也许现在有数十万的经理，他们有资格也能获得升迁，如果他们愿意做一件事的话。”

“什么事？”珍妮问。

比尔回答：“只要向你的上司要求升迁即可。也许他们没办法一下子就得到升迁，但提出你的要求一定会有帮助的。”

一般而言，越是高层的经理们，都认为较高职位的工作是很重要的。他们提升的人必须有另一个条件，他们喜欢提升那些想成为领导者的人。具有领导的欲望，是领导过程中最重要的部分。当你要求提升时，你表现出来的是你的进取的精神，而高级主管通常是喜欢如此的。

如果你认为你应该获得升迁的话，就勇敢地向你的老板提出你的要求。俗话说得好：“嘎吱作响的车轮才能滴上润滑油。”拿破仑也说过：“不想当将军的士兵不是个好士兵。”如果你认为你应该得到，你就必须去争取。

主动向老板提出加薪

有没有主动提出加薪的要求，这就是一般职场女性与成功职场女性和大部分职场男性的差别。英国人曾经做过相关的调查，发现女人一生赚得的薪水一般要比男人少13%。这当中除了一些社会因素以外，大多数女性没提出过加薪要求也是一个主要原因。

陈默默原来也是这样一个从来不要求过加薪的职场女性，她的亲身经历一定会让更多女性明白更多东西。

陈默默原来是一家集团公司的职员。自从进入公司，陈默默就开始勤勤恳恳、踏踏实实地工作，把自己的全部精力和热情都放在了工作上，待遇一切听从老板安排，不争不抢不要。而且，她还利用一切时间和条件学习行业知识，为自己充电。很快，陈默默从试用工转正，成为员工，又从普通员工一步步升为主管。她每年经手的营业额高达3000万人民币，手下还管着400多名员工。老板给她的年薪是30万人民币。对于这样的年薪，陈默默一直感到很满意。

但是，后来陈默默无意中了解到：另两名与她同级的男性主管，每年能额外得到相当于一年薪水的奖金，而她的奖金只相当于半年薪水。而且，他们每年的基本薪水比她多15万。

经过对比，陈默默突然发现拿那点薪水简直就是对自己不负责任，而导致自己薪水比别人低的原因就是自己从来没有要求过加薪，总是老板给多少自己就拿多少。可是，像其他同事那样向老板当面提出加薪，陈默默总觉得难以启齿，毕竟自己是公司一手培养出来的。陈默默甚至差点想辞职不干，一走了之。不过最后，她还是决定先向老板提出加薪。

结果，老板很痛快地答应了陈默默的加薪要求，让她跟其他主管享受同样的待遇。事情之顺利，大大出乎陈默默的意料。

加薪本是一件很正常的事情，你有理由主动来扭转这种局面。如果你感觉自己的能力、经验等已经达到需要加薪的时候了，就勇敢地去申请吧。该申请加薪的时候就应该申请，不要犹豫。请求加薪未必都会成功，但如果不去申请，成功的可能也就不存在了。

许多员工在提出加薪要求时往往底气不够足，通常都是老板几句好话安慰，再拖上一段时间，事情就没有下文了。尤其是对女性员工，因为知道女人脸皮薄，胆子小，一些老板就更是对女员工的加薪申请能拖就拖，能驳回就驳回。

所以，请提出你的加薪申请吧，千万别苦了自己。不提出加薪，就是对不起自己。

赏析

趁火打劫的原意是：趁别人家里失火、混乱不堪、无暇自顾时，去抢别人家的财物，乘人之危捞一把。所谓“火”，即对方的困难、麻烦。敌方的困难不外有两个方面，即内忧、外患。趁火打劫就是要抓住敌方大难临头的危急之时，赶快进兵，这样当然能稳操胜券。此计用于军事上指的是：当敌方遇到麻烦或危难的时候，就要乘此机会进兵出击，制服对手。

《红楼梦》中的薛宝钗有这么一句诗：“好风凭借力，送我上青云。”柳絮本来很轻，有一丝风就能够飘起，但是如果它想要飞上高空，还是需要有“好风”，这就是一个时机的问题。高考之于学生是一次时机，教学之于老师是一次时机，演出之于演员是一次时机……那么，对于职场中的女人而言，什么才是一次时机？答案很简单，每接受一项任务是一次时机，与上司出差是一次时机，平常的踏实工作也是一次时机。而这些时机就可能一下子改变女人的现状，平步青云也不再是神话。

第32计

关门捉贼:造成最稳妥最有利的形势

兵法原文

小敌困之。剥,不利有攸往。

原文今译

对付弱小的敌人,要包围起来歼灭。如果让他们走掉,便极不利于我方追击。

职场的圈子说大不大,说小不小。任何人,要想让自己在职场中的地位稳固,要想让自己得到提升和加薪,要想让自己能够在职场上游刃有余,就得把这个圈子里的大小人物都降服,让他们来为你的成功开路。当然,这并不是一件容易的事情。因为每个人都有自己的算盘,你的所作所为被他们认可,或者你的工作能力被他们叹服,你的人品被他们信任,你的利益又不会影响到他们的利益,这时候,他们才可能成为你成功的垫脚石。而这些条件的实现,就要看你个人如何行事了。圈子里的人不是你的敌人,他们也并不是都弱小,你当然不可能将其全部包围起来,更不能将其"歼灭",你要做的是,尽量将他们一一收服,即使不能全部收服,也要争取多数人。这样,你才能给自己创造最有利的环境和最稳妥的形势。下面的这些做法,应该会对你的"捉贼"有些帮助。

当你遭遇职场冷暴力

职场中，很多女性在本该富于激情与创造力的职业阶段，还未尝到甜头就与“冷战”狭路相逢，有来自上司的，有来自同事的，甚至来自自己角色转换所形成的各种压力，遭遇职场“冷暴力”，已成为当今许多白领的苦恼。职业女性，经常抱怨自己遭到老板的冷淡，遭到同事的排挤，客户的漠视……其实，这种“冷”，往往也需要你用智慧去化解。

晓蕾是一所名牌大学的毕业生，在校期间，她活泼、热情、大方、干练。毕业后她挑选了一家知名度较高的合资企业，如愿以偿成了公司的一名职员。

晓蕾挑选合资企业是因为这样更容易实现自己的抱负——将来当一个企业家。她要在这里学习外国人先进的管理流程与经验，同时也积攒点钱，为日后自己的发展打下基础。因此，她做好了从底层做起的思想准备。

她所在的办公室只有3个人，一个是四十多岁的经理胡斌，一个是比她年龄稍大、多工作了两年的韩婷婷。胡斌是经理，经常与老板外出谈生意；韩婷婷忙着永远也不见少的文件资料。每次办公室电话铃声一响，韩婷婷总是朝晓蕾努努嘴，示意她接电话，她手头的活再忙也得放下。如果有客户过来，端茶递水也总是晓蕾的事儿。至于业务上的事，任晓蕾怎样态度谦恭地请教，胡斌和韩婷婷都会装聋作哑，除了“是”或“不是”，绝不会多说半个字。

同事间的冷漠是晓蕾最不理解的。一天，他们三人商讨业务时，晓蕾大胆说出了自己的不同意见。没想到下午她就被老板召去，老板说：“我本人非常尊重像你这样有才华的大学生，不过。目空一切，自以为是，未必就能干出成绩来！”听着老板的训斥，晓蕾心里很不是滋味。她弄不明白，自己怎么就自以为是了，如果说提出不同意见就是自以为是，那么，明知不好也要随声附和才算是合作吗？

最使她气恼的是胡斌和韩婷婷像什么事都没有发生一样，仍然是那样不冷不热。晓蕾发现自己成了多余的人，她觉得自己遭遇了职场冷暴力。

在中国传统文化中，“水至清则无鱼，人至察则无朋”，人与人间总留有一定的观望距离。职场上的这种关系其实有一种潜规则，它体现在“心领神会”之中。即上司对下属“言传身教，点到为止，言到即可”，下属对上司则要“心领神会，心知肚明”。这就要求职场中的成长者必须学会“悟”，尤其是女性更要懂得职场的惯例。因此，作为职业女性，在与同事、上司的交往中，如果你没有领会这种约定俗成的潜规则，往往就会遭遇职场冷暴力。

如果你也遭遇了这样的冷暴力，先要学会适应，然后学会在职场中“领悟”——领导对你的冷淡自有道理，当你不能改变他(她)时，改变的只有你自己。

当心人际关系成“陷阱”

当白领丽人在职场中以自己的强势“硬件”全力以赴时，却往往会被“人际关系”的冷箭射下马来，令人扼腕叹息。白领女性在职场上容易出现的人际失误，会妨碍她们正常的就职和个人事业发展，很多女性在公司受到冷遇，大都祸起“关系”。为了不被“关系”绊倒，请你当心下面这些失误，这些失误往往会把你带入“人际陷阱”：

(1)借故走近老板

一些白领女性会利用性别优势走近老板，想以此博取对方的注视和优待，这种过分亲近，使得其他员工因怕惹麻烦而逐渐疏远了她们。

(2)嫉妒同性

女性很关注同性，而白领女性更是如此，她们中有的会对在容貌和才气上超过自己的同性产生嫉妒。白领女性要拓展自身胸襟，同时努力将嫉妒化作动力超越她人，才能活出自己的真实和精彩。

(3)过分计较得失

过分计较个人得失会让自己处于孤家寡人境地，作为职业女性，心细但不可心眼小，斤斤计较，否则因小失大，不仅在人际关系上陷入了僵局，更让人觉得难成大事，不敢委以重任。

(4)自视清高，孤傲待人

白领女性容易过度自恋，对身边同事冷漠相待，一副公事公办的样子。现在的社会是一个合作型社会，你应重视为自己营造宽松的人际氛围，今日你冷漠对待的这些同事，难保日后不会是你的上司。

(5)好恶有别，不足与谋

作为职场中人，要与各种人打交道，这些人品行不一，趣味不同，价值观念也不一样，若是一味讲求与自己相近，在工作上无疑很难配合，更无从拓展。白领所处的职场虽然充满了竞争，但更讲求团体的协作与和谐相处。由于女性自身的行为习惯以及认知上的偏差，若不能及时注意，常会给自己布下人际陷阱，给工作和前程带来负面的影响。

职业需要女性理性，而女性本身又是感性的，所以，作为职业女性，除了让同事和主管看见你理性、坚强的一面外，适时地可展现出你温柔的一面，可给人留下美好印象。这样，你才可以跳出办公室的“人际陷阱”，让自己的美丽和智慧在办公室得到充分体现。

学会拒绝，保持距离

同事之间需要通力合作，才能把彼此的工作做好。在同事需要帮助的时候，当然应该伸出援助的手，共同营造互相帮助的工作氛围。但是，聪明的女性也应该清楚，在互相协作、互相帮忙的同时，也必须清楚：你不可能做到让每个人都满意，并不是每个人都会欣赏你，也并不是每个人都想跟你做朋友。如果你尝试跟所有同事都保持不错的朋友关系，那么，结果很可能会让你沮丧。

距离与拒绝，是身为女性必须学会的两个技巧。尤其是职场女性，对这两个技巧更要掌握得炉火纯青、登峰造极才行。职场是个小社会，在这里，什么样的人都可能出现；职场又像个小战场，在这里，什么事都有可能发生。

小雨是外贸公司的公关部助理。也许是工作性质的原因，经常要和公司上上下下的人打交道。小雨本身是一个谨小慎微的人，她深知在大公司做事人际关系的重要和人言可畏的后果，所以她处处留心，生怕得罪了同事或上司，生出什么枝节。对每个人她都是有求必应，笑脸相迎，从来没有对周围的人说过“No”。她本以为自己的为人处世可算得上是天衣无缝了，可不知为什么，渐渐的她成了办公室里最遭冷漠的一个人。她感到疑惑和委屈，因为她自感没有做错任何事，相反由于自己对别人有求必应，使自己无形当中做了许多额外的工作，占用了大量的时间。直到有一天，一位从前和她挺要好的同事告诉她缘由，才让她恍然大悟，原来正是由于她的过度随和，使人觉得她虚伪，不可相信。

其实身处职业场合，大可不必为了博得所有人的欢心而为难自己，只要本着个人的原则，坦诚共事，就不失为明智之举。相反，若把自己引入一个人际网的漩涡之中，非但你的业绩不会有所提高，就连能否在此久留都可能成为问题。所以，还是将自己的大部分精力投入到本职工作中,做出成绩才是在公司立足的前提。

对于女人,八面玲珑不一定就是好事,你也不可能做到八面玲珑。你越是尽力去讨每一个人的欢心,反而就越容易失去大家的好感。这是因为,与同事长期相处,相互间总会因为性格不同、爱好不同、观点不同等差异产生一些分歧。这些分歧,有的是可以化解的,有的却是你越想化解,分歧却越大。因此,你不必费尽心思,处处去讨好别人,做好自己应该做的就可以了。

在职场上,你只能选择与你喜欢的、与你志气相投的同事成为知己,与其他人保持一定的距离即可。只要他们不是你的敌人,不必非要他们一定要成为你的朋友。有时候,区别对待才是最好的方法。当你试图给所有人帮助,跟所有人做好朋友的话,你一定要明白:世上的事本来就是没有十全十美的,也不能十全十美。

别把自己隔离于企业文化之外

企业文化是在公司组织中逐步形成的道德规范,企业文化是潜移默化的,虽然它没有具体地指出什么该做,什么不该做,但却是每一个员工必须遵守的职业道德,从中可以体现出一个员工的自身素质。

由于企业的不同,每个企业都有自己独特的文化。如果你是个刚步入职场的新人,就应该把自己定位为“学习者”,尽量学习和了解本企业的文化,调整好自己,将自己融入到企业组织中去,否则只能被无情地淘汰。

首先,要让自己尽快适应企业的氛围。每个公司都有自己的独特氛围:美国通用电器公司主张发挥人的个性;而日本的松下公司则主张员工做事沉稳;三菱公司则要求员工按部就班地工作；而微软公司则要求员工思想积极活跃，具有创新思维。不同企业所提倡的不同工作态度，完全体现了公司领导人的思维方式和管理理念。作为员工，如果忽视了这一点，就永远不会取得事业上的成功。

一个企业，企业文化的形成，绝非一日之功，有时甚至是经过无数次失败的教训与成功的经验才总结出来的。作为员工，唯一正确的选择就是让自己尽快地融入其中，以使自己适应这个环境，这样才能在工作中做到游刃有余。

韩晓美刚刚换了一个新工作，新公司的工作氛围让她感到很难适应。这里的每位员工都在勤勤恳恳地做事，很少有人在一起闲聊，流行音乐在这里更是被禁止播放的。而她以前工作过的公司却恰恰与这里相反，同事之间关系非常随便，工作时间也可以聊一聊，或是戴上耳机听听音乐，都是被允许的，而这里一成不变的工作程序以及沉闷的工作环境，让韩晓美感到压抑极了，她决定打破这个“陈规陋习”，找回从前的工作感觉。

这天，韩晓美趁主管出去办事时便拿出了随身携带的MP3，美妙动感的乐声顺着耳塞传入她的耳中，压抑许久的热情一下子又重新释放出来。就在韩晓美全身心陶醉于音乐之中时，有人在韩晓美的肩膀上拍了一下。韩晓美回头一看，原来是刚才出去的主管不知什么时候又回来了。结果，韩晓美理所当然地被请出了办公室。

对于企业来说，企业文化往往是本企业人文、管理等多方面长时间积淀的精华，是最适合本企业的一种经营理念。作为员工，如果你不去适应它，最终只能被排斥在外。像韩晓美那样上班时听音乐，在以前的公司可能算是企业文化的内容之一，但在新的公司却是被严格禁止的。由于她不能适应这种氛围，因而她的失业也就在所难免了。

新到一个企业，不仅仅要适应一个企业的企业文化，还要学会调节自己的心态,融入本企业当中,把自己的思想和本企业的文化融合在一起。这样,你工作起来,才能够如鱼得水。

想让自己尽快地适应环境,早些融入本企业文化之中,必须先从身边的小事做起。如果你发现同事们经常加班加点,你就不能按时来按时走。否则不仅上司不喜欢你,就连你的同事也会把你当成另类。

要成为一个企业的成员,调整自己的心态很重要,在面临新的企业文化时,绝不可以去鄙弃它,而应用正确的视角去评定它,并努力适应它,只有这样,你才能很快地融入集体,成为其中的一员。如果想被公司接纳.就必须要适应这里的“气候”。

企业文化犹如一面大旗,它是一个公司无形的职业道德法则,是企业的奋斗目标。一个员工如果想获得成功,就必须去适应它、融入它,而任何漠视它、排斥它的态度,任何把自己隔离于企业文化之外的人,也将会被请出企业门外。只有理解本企业文化的精髓,使自己尽快地融入其中,才能更好地展示自己的才能。

改掉不够职业的习惯

多数女性都认为自己看起来显得越年轻越可爱越好,于是,你的一些小打扮、小习惯就会使你看起来不那么职业化。在职场上,尤其是在谈判过程中,一副成熟的职业化的面孔会让客户感觉你成熟老到。如果你想事业有成,就要尽快成熟起来,否则你就有可能被别人认为缺乏能力。为了树立良好的职业形象,职业女性必须改变以下不良习惯:

(1)经常脸红

许多女士和男士比较起来更爱脸红。虽然脸红让你看起来纯真、可爱,但它也传达了你不成熟和不坚定的心态。当你感到脸红的时候,别太在意,继续做你该做的事,别去考虑这件事,尽量分散自己注意力，慢慢脸就不红了。

(2)容易落泪

在工作时哭泣不但使你显得脆弱、缺乏自制力，而且让人怀疑你会破坏公司形象。在工作时玩哭泣游戏，输的永远是你。在你的老板面前，如果你为与工作有关的事而哭泣，这表明你不具备对付工作压力的能力。你的眼泪不会博得别人赞赏和同情，只能说明你太脆弱，而且让人怀疑你会破坏公司形象，老板会把你当作弱者，而不是出色的员工。因此，你应该学会控制情绪。

(3)不良口语

如果你说话时喜欢用“嗯、啊、这、那”，你的语言会把你带出事业成功的圈子。一位心理学专家曾经说过：“不良的口头语是职业陷阱之一，工作中切记不能用‘嗯’‘啊’‘这’‘那’等词语。”

“嗯、啊”等装饰词只能说明你犹豫不决，紧张而缺乏智慧。你的语言是他人判断你的重要依据之一，你说话的方式告诉别人你的智力与整体能力。

(4)不相称的衣着

一般来说，职业女性在上班时应该配一套较为正式的服装，不要穿有很多装饰的衣服……你希望你的同事们把注意力集中在你的想法上，而不是你那紧身背心的穗子上。当然，职业的衣服还要由职业妆和发型来相互搭配，你应该为自己在不同场合选择不同服饰，而不能千篇一律职业装或休闲装。

(5)胆小

当你表现出怯场，就是在告诉老板：你缺乏最基本的职业技巧。摆脱怯场的关键是要意识到，怯场只不过是多余的能量，你需要想法子重新支配过剩的精力。充分的准备是降低紧张情绪的有效措施，在做重要的会议发言前，应该先把你要讲的关键问题列下来，在发言前进行练习。

如果你克服了上述使你显得不够职业化的习惯，马上就能够提升你的职业形象，获得更好的人脉。

赏析

“关门捉贼”的意思是：把门关上，才能将进屋偷东西的盗贼捉住。用于军事上，是指对弱小的敌军要采取四面包围、聚而歼之的谋略。“贼”，是指那些善于偷袭的小部队，它的特点是行动诡秘，出没不定，行踪难测。它的数量虽不多，但破坏性却很大，常会乘我方不备，侵扰我军。所以，对这种“贼”，不可放其逃跑，而要断其后路，聚而歼之。关门捉贼，首先得布置好围困圈，并敞开门，让“贼”进来，如果“贼”不进门，则设法将其引诱进来。

而对于职场中的女性，“关门捉贼”的应用，则更在于巧妙处理好与上司和同级同事之间的关系，从而为自己在职场上赢得最有利、最稳妥的地位和局面，让自己能够在工作中时时处于最有利的环境中，为自己的加薪和晋升创造条件。

第33计

混水摸鱼:在混沌中保持清醒的头脑

兵法原文

乘其阴乱,利其弱而无主,随,以向晦人宴息。

原文今译

乘敌方内部发生混乱之际,利用小势力的力量弱小和丧失主导的局面,使其归顺我方,就像人按照天时作息一样自然。

身在职场,人人都在说需要认真工作,但是怎么样才是"认真工作"? 当你从事一份新的工作时,当你准备选择一个新的职业时,当你处于职业平台期时,再或者,你遭遇着职场上前所未有的瓶颈时期……这时,你应该怎么办? 聪明的女人会乱中取胜。对于混乱的大背景,我们大可不必去理会,而是去梳理我们自己的思路,把乱的梳理好后,或许你比之前更加看清了你自己,更能准确地定位自己。水混了,的确会扰乱你的视线,但是要知道,与此同时,鱼也正处于摸不清方向的混乱状态中。

职业平台期,不要变成职场"木乃伊"

当生存压力的来源渐渐由温饱问题变成信用卡上的数字游戏,我们对工作的兴趣也在渐渐下降。为什么工作? 挣钱为了什么? 工作的压力越来越大,虽然收入有所增加,可是却不足以填补我们心里的失落。生活进入这样的状态，改变还是忍受？

英宁性格爽朗，有话就说，不管是人前人后，很少有多愁善感、无精打采的时候。她甚至把自己比作“赶大车的”，从毕业参加工作以来，赶着自己公司的这辆大车一路快跑。当然，不想早起去上班的情况也不是没有过，但机会不多，一下子也就忘记了。她怎么也没有想到，自己也会产生职业厌倦。

真正对工作产生厌倦是在一年之前。公司一直经营办公用的礼品和纪念品，开始发展很快，英宁也热情万丈，可经营了几年之后，公司业务发展的速度变慢了，甚至停滞不前、路越走越窄。没有新鲜感的注入，工作变成了一架流水线机器。随着新的竞争对手的不断涌现，蛋糕被越分越小，吃不饱，扔掉又舍不得，也使她的心情陷入恶劣的低谷。“天天无精打采，对工作丧失了以往的热情，连看见订单都不会激动了。”

像英宁一样，越来越多的职场人在没有激情的状态下应付工作，到底是什么将我们的激情消磨殆尽，让我们仅仅在每月的薪水日里才热情高涨？我们真的要变成职场“木乃伊”了吗？

“平台期”的厌职倾向在具有一定工作经验和一定高职位的女性中相当普遍。当对一项工作已经熟练掌握，并且发现上升空间被限制的时候，厌职情绪就会产生。其实对“平台期”的厌职情绪做深入解释，就可以发现它是内心潜在的危机感和焦虑。既然已经感到了危机和焦虑，就应该着手做好防卫的准备。产生“平台期”厌职情绪的女性通常性格活跃，兴趣广泛，不甘于做重复劳动，需要新奇事物的刺激。所以在仔细思考自己职业目标的同时，都会有效地缓解“平台期”厌职情绪，化不利为有利。

任何“平台期”的感受都会对自己的职业发展和职业生活质量产生不利影响。如果你陷入这种苦闷，不妨重新认识自己。包括了解自己的职业兴趣的现状和可能发生的变化，弄清自己喜欢做什么。了解自身职业人格，弄清自己适合做什么。同时，也了解个人职业能力的特点和发展趋势，弄清自己能做什么。

然后，在此基础上，重新给自己做一个职业定位，重新选择一个让自己重新焕发活力的职位。

在稳定与兴趣之间选择

如果你的工作就是你的兴趣所在，那么最好，你可以把全部心力放在你的兴趣，同时也是你的工作上；但如果不巧，你不能通过你的兴趣谋生，那么就做一份你并不绝对喜欢但是却可以保障你物质生活的工作，然后用你做这份工作的收入来满足你的兴趣。这是聪明的选择，是将工作与兴趣，也就是工作与事业都经营起来的好办法。

小文在大学毕业时，正赶上就业的困难时期，由于形势严峻，他花费了很大的精力，好不容易才进入一家国有企业工作。面对来之不易的工作，小文极为努力，业绩也一直很不错。但是，企业内部的管理机制极其落后，企业的发展极其缓慢，员工的发展也很有限。所以，小文虽然努力异常，但其职位至今还在“原地踏步”，相反，他的那些同学反而有不少已经成为主任、经理级别的领导了……

小文要想让自己的职场生涯有所改变，只有一个办法，那就是辞职，选择一个更有发展前途、同时也更适合自己的工作，否则，他只能慢慢埋没自己的才华……思虑再三，小文最终选择了辞职跳槽。

并不是每个人都能够得到自己感兴趣的职业，也并不是每个人都有机会跳槽到一个自己能够尽情发挥特长的单位。尤其是刚开始工作的阶段，我们要解决一些很实际的问题，可能不能过于强调兴趣。

如果暂时不能按自己的兴趣去选择职业，可以平时多了解这方面的资讯，更好地充实自己，当机会降临的时候，才不会错过。或也可以把兴趣转化为爱好，同样可以陶冶性情，按兴趣去工作可以让自己更容易成功，生活更加快乐，但并不是让自己幸福快乐的唯一途径。

邢雪大学本科毕业，学的是地质专业，在政府机关上班，是一名国家公务员，现在已经工作一年多了。刚毕业时，因为自己在大学期间所学专业的限制，很难就业，无奈之下，只好考取公务员。邢雪现在从事文字工作，与同事相比，自己的学历是比较高的，可以说未来的发展前景也是不错的，但是，邢雪并不想在此发展，而且，即使有发展，那也是多年以后的事情，现在，工作虽然很稳定，收入也不错，但并不是自己的兴趣所在，现在社会的不稳定因素这么多，到时有没有更多的好机会就很难说了，所以，她现在想趁着年轻出去闯荡一番，只是自己的专业不好，再加上没有一技之长，在社会上很难找到好工作。

思来想去之后，她决定考研，但同样面临两个问题：考研的难度太大，自己缺乏必胜的信心；现在的研究生就业已经不太理想，等自己毕业时，年龄也不小了，就业可能更是问题。于是，她又想考 MBA，因为考试比较容易，但是，在巨额的学费面前，邢雪又犹豫了。

无论考研还是考 MBA，都需要好几年的时间，而且能不能考上还是问题，而时间肯定是已经流逝了。最后，只能采取折中的方法，就是读在职研究生，可以免试入学，还可以选择自己喜欢的专业，等拿到学位后再考虑找工作，这样既不失工作又可以为以后找工作打好基础，两全其美。但是，在职研究生的学位跟一般研究生学位的效力是不是一样，企业会不会将其等同，这又是需要考虑的问题。

根据邢雪的现状，目前不是很适合考 MBA，原因就是她刚刚走上工作岗位，因为工作时间不长，在工作中与管理方面的接触也不多，不会对她有实质性的帮助。即便不考虑经济因素，能够完成学业，但学习的效果肯定也会大受影响。

再说考研，这也不是毕业后就能有保证的选择，即便辞职读研究生，学校和专业的选择也是很重要的，否则，在毕业之后仍然会面临找工作，甚至是找不到自己感兴趣的工作的困惑。

如果有机会在职读研究生，这倒是不错的选择，不但生活有保障，个人选择的余地也比较大。当然，担心也是有道理的，和脱产的研究生相比，在职研究生肯定差着一个档次，但是，这样的风险对个人来讲非常小，很多企业暂时还没有强调脱产和不脱产学习的区别。

不论是谁，在职场上都会面临各种各样的诱惑，怎样才能让自己更有前途，怎样才能让自己的人生更加辉煌，这是每个人都会思考的问题，也是每个人都在为之努力的。但是选择就意味着风险，所以，在你将要做出选择的时候，你需要考虑一下，这个风险会有多大，你是否有足够的心理准备来承担这种风险……

一个总的选择原则就是：当还处于生存阶段时，要先以能保障生存为基准选择职业，在工作了几年之后，那时的个人无论在实力、经验、职业成熟度等方面都有了不错的积累，就可以选择那些更偏向自己兴趣的职业了。

没有发展，还要不要认真工作

据市场调查得知：有80%以上的人都是非常认真、努力地对待工作的，但他们却并没有感受到成功的滋味，而是存在更多的职业发展途中的困惑。认真工作却没有感受到成功滋味是因为遇到了职业瓶颈，这种情况下可以选择跳槽。

王玫是某外资企业的企划部职员，在现有岗位上，她勤勤恳恳地工作了3年多，但至今依然是一名普通职员。看到别人的职务都有所变动，王玫不得不反思自己这些年的职业生涯：认真工作，工作成绩突出，人际关系不错。但是，为什么自己的职业生涯会停滞不前呢？一个偶然的机会，王玫终于得知，是顶头上司阻碍了自己的职业发展，原因就是自己的能力和业绩已对上司的职业发展构成了威胁，为了保护自己，上司只能将王玫的职业生涯扼杀在摇篮里。为了改变自己的这种现状，王玫提出了辞职。

"没有职业发展空间"是王玫无法突破的职业瓶颈，因为职业发展的空间不是由个人创造的，企业文化氛围、用人制度和领导层选用人才的观念在很大程度上决定了你是否能够拥有足够的"发展空间"（职业和能力）。如果你没有施展才华的舞台，也没有展翅高飞的天空，即使你努力工作，也只能被搁置在"角落"里。

身在职场，人人都在说需要认真工作，但是"认真工作"并不等同于"盲目地认真工作"，当你从事一份新的工作的时候，当你准备选择一个新的职业的时候，你要认真考虑一下这份工作值不值得你"认真"，有没有很好的发展前途。如果没有，你还需要"认真工作"吗？

找到适合自己的"完美"职业

天下没有完美的职业，只有适合自己的职业，适合自己的才是最好的。职业选择的出发点首先应该是自己的个性、能力、兴趣爱好、价值观。在一个不适合自己的"完美"行业里面摸爬滚打再长时间，怕也很难有出头之日。

周小鸥是一家广告公司的市场助理，每天"朝九晚十"地穿梭于媒体和客户之间。有时连午休时间手机都会响个不停。但是，很难想象，周小鸥的工作业绩居然是整个部门里最差的。很多情况下，业绩并不是由你是否努力工作创造的，而是在于能否充分发挥自己的核心竞争力。

原来，周小鸥在学校学习的是中文专业，毕业后便进入了这家广告公司，并被安排到市场部。周小鸥自己也承认，刚开始工作时，就觉得市场部这份工作不适合自己，当初以为是初涉职场的原因，只要自己努力工作，慢慢就会适应，哪想到，如今已经工作了两年，居然还是格格不入……其实，周小鸥的性格非常内向、不善言谈，根本不适合市场部这种外向型的工作。但是，周小鸥的文字功底很出色，这是她的核心竞争力，因此，如果周小鸥能从事文案创意和写作工作，也许会如鱼得水，能将才华发挥得淋漓尽致。

只要认为转换方向是正确的就不要再犹豫，因为等待、观望的时间越长，付出的代价也就越大。如果将这些都看做投资的话，就变得相对简单：你并不是在换工作，而是在对一新领域进行投资。

不要加入权力纷争中

随着女性地位的提高，许多白领女性在职场中也逐步走进领导阶层。但有一些性急的白领丽人，由于对其他同事拥有更大的权势感到不安，因此抛弃了强调实际工作表现这一观念，转而去寻求更大的权势——有时甚至不惜采用一些不仅影响个人声誉，而且危害部门工作的极端方式。

小影是一家公司的部门经理，有一天她发现来自上级领导那儿的备忘录正被送往另一部门的经理陈雪处，便非常吃惊。她不解地想："为什么我没被列入备忘录送交名单？"当然，这一事件的含义是，陈雪比小影拥有更大的影响力，而小影出于某种原因影响力正减弱。她很想请求在备忘录送交名单上添上自己的名字，可最终，小影还是决定不这样做。

作为一位现代女性，你不要对权势的外在表现作出过分的反应，竭力想得到别人似乎已经拥有的东西，这会有损你的职业形象，并使你的上司感到不快。当你处于一个激烈的权力纷争的环境，你可选择中立。假如为了生存，你不得不介入，你就要在公司内部参与竞争。但是必须设法去除纷争局面中的有害成分。

在你保持中立之时，你必须注意以下几点：

(1)不加入到地下信息传播的网络中去

聪明的白领女性一定不要加入到地下信息传播的网络中去。严重的纷争局面中有一个特征就是信息交流不畅。如有信息传递，也完全是通过不公开的渠道。假如你需要对另一个人传递信息，就直接去说，而不要使自己由于把话传给任何一个不相干的人，却惟独不与当事人说明而造成误解从而使自己陷入困境。

(2)不要耍弄权势的把戏

很多人在开始阶段都怀着美好的心愿，然而，后来却发现自己深陷于单位内部纷争的泥潭之中。以至当她们拼命为获得一些虚幻的权力而奋斗时，忽视了对个人目标和职业生涯的追求，这是得不偿失、极其不聪明的做法。

白领女性千万不要去玩这样的游戏，不要让某一种局势左右你。你应该把同样的精力投入到改善公司内部的竞争环境，确保产品的质量，为你自己和你的部门设定追求目标中去，为你公司的长远发展着想，也是为你自己的前景着想。

(3)不要太在意别人的看法和立场

在公司内部，太多的精力耗费在猜测别人的意图或动向上是毫无意义的。不管别人获取了多大的权势和影响力，他对你的职业生涯或你的部门都不会真正构成危害——除非你想要同样的权术。

在公司内部抵制权力纷争是一件累人而又费神的事。然而如果你能依照为自己设定的正确的处事准则行事，玩弄政治权术的倾向就能被克服和控制。一旦你克服和控制了这种倾向之后，你会发现原来你可以走得更轻松。

赏析

混水摸鱼，原意是，在混浊的水中，鱼晕头转向，乘机摸鱼，可以得到意外的收获。此计用于军事，是指当敌人混乱无主时，乘机夺取胜利的谋略。在混浊的水中，鱼儿辨不清方向，于是就有可乘之机。更多的时候，这个可乘之机不能只靠等待，而应主动去制造这种可乘之机。一方主动去把水搅浑，一切情况开始复杂起来，然后可借机行事。

竞争的日益激烈，使得人与人之间的关系也日益复杂，同时各种复杂的社会现象也是层出不穷。尤其是身处职场的女人，你很可能在不觉间触怒了上司，也可能在无意中得罪了同事，或者无形中伤害了下属，在这些事情还没有梳理清的时候，你又发现商业对手的莫测难缠，发现工作本身的琐碎无味，然后又不知在何时，你发觉金融风暴又铺天盖地般袭来，这一切都让人措手不及。放弃吗？当然不！混乱本身也蕴藏了机遇，趁大家都混乱的时候，来把自己的思绪梳理清楚吧，自己的优劣长短，自己的兴趣爱好，哪种职业有利于自身的发展，哪个领域能够让自己投入更多的热情，是死守着无味的铁饭碗，还是勇敢地跳出去……梳理清了，就付诸行动吧！

第34计

借刀杀人:让上司成为助你晋升的“刀”

兵法原文

敌已明,友未定,引友杀敌,不自出力,以《损》推演。

原文今译

敌方已经明确,而盟友的态度还未明朗,要引诱盟友去消灭敌人,保存自己的力量,这是根据《损》卦推演出来的。

自古至今,没有哪个成功人士是完全靠自己的力量而取得辉煌成就的。女人也应该明白这一点,即使你智慧超群,即使你知识渊博,即使你专业技能过硬,如果没有帮手,也一样会影响你的自我提升。职场中的女人一定要看清,谁是你职业生涯中最有利的人。想要升职,除了靠自己的努力奋斗外,很多时候还是需要上司的提携的。谁见过一个不被上司赏识的人能够扶摇直上的?所以,学会“借刀”吧,当然我们的目的不是为了“杀人”,而是为了我们的职业生涯走得更顺利。争取与上司融洽相处,利用好上司这把可以帮助我们晋升的“刀”。

融洽地与上司相处

与上司关系相处得好坏是决定工作环境好坏的一个重要方

面。由于领导者对办公室起着组织、指挥、调度、控制、平衡、协调的作用,他可以凭借自己的有利地位,采取行政干预手段,施加强有力的影响,按照工作的需要和自己的意愿,去调整、改善、加强工作环境内的人际关系。上司的这种轴心地位和主导作用,决定了办公室一族必须依靠上司,“理顺”同上司的关系这样才有可能争取到一个良好的工作环境,更好地实现自我价值。因此与上司关系处理得如何,在很大程度上决定着上司能否理解并支持你的事业。一项调查结果表明,有80%的人要求调动工作的原因,都是与上司关系处不好有关。

工作业绩是我们的直接目标,几乎没有人只干工作,不问业绩。而与上司关系相处得如何直接影响着工作业绩。上司作为工作单位内的“权力主体”,可以运用权力为人们创造有利的工作条件,也可以为人们制造不利的条件。如果你拥有一定工作能力,又与上司相处融洽,上司就容易理解和支持你的事业,使你的工作业绩达到较高水平。

领导者掌握着人才的培养、鉴别、选拔和使用权力。因此,与上司领导相处和谐,其工作业绩容易被上司发现,并较易得到升迁的机会。

要想与上司相处得融洽,就要理解上司,关心上司,赢得上司的心。无论是工作成果的取得,地位的升迁,还是职称的晋级,都离不开上司的帮助、鼓励与提携。因此,怎样赢得上司的心,成为人们关注的焦点。

理解上司的苦衷。在日常生活与工作中,任何人都有为难之处,上司也会有自己的难言苦衷。你要做生活中的有心人,敏锐地捕捉上司的苦衷,洞察源于何事,并且想办法巧妙地为其出主意,主动地为其分忧。这样,你不知不觉中就成为顶头上司的贴心人了。

如果可以的话,要尽量去喜欢你的上司,而不要给他机会让他讨厌你。干同样的工作，花同样的力气，可是，领导对他所喜欢的办公室一族，评价大部分是肯定的；而对于他所嫌弃的办公室一族，却是鸡蛋里挑骨头，找碴贬低。

保持沉默也是同样重要的。不管什么时候你发现你的上司有什么不好，都应保持沉默，因为他的老板会知道这些的。要学会收敛，给别人留有余地，你会发现他也会同样对待你的。

了解上司的品质。每个人具有不同的品质或特性，上司的不同品德，也就决定了他会有不同的择人标准。一个性格内向、忧郁质的上司，就不会喜欢一个在他面前大大咧咧、夸夸其谈的下属；一个办事利爽的上司就更喜欢聪颖敏捷、头脑机智的办公室一族。

善于为上司排忧解难

领导者既然是人不是神，决策就会有失误之时。即使一贯正确，员工中也可能出现对立面，这时，上司往往会被推到一个非常尴尬的境地。作为领导者身边的助手，在这个时候，要善于调节上司和员工之间的关系，帮助你的上司排忧解难。

作为领导者，当最需要人支持的时候支持了他，他就自然视你为知己。实际上，上司与下属的关系是十分微妙的，它既可以是领导与部下的关系，也可以是朋友关系。一旦您与上级的关系发展到知己这个层次，较之于同僚，您就获得了很大的优势。您也可能因此而得到上级的特别关怀与支持。甚至你们之间可以无话不谈。至此，几乎可以预言，您的晋升之日已经为期不远了。

公司部门经理方晓晨由于办事不力，受到公司总经理的指责，并扣发了他部门所有职员的奖金。为此，大家颇有怨气，认为方经理办事失当，造成的责任却由大家来承担，一时间怨气冲天，方经理处境非常困难。

这时秘书小李站出来对大家解释说:“其实方经理在受到批评的时候一直在为大家据理力争,要求总经理只处分他自己而不要扣大家的奖金。”听到这些,大家对方经理的气消了一半儿。小李接着说,方经理从总经理那里回来很难过,表示下个月一定想办法补回奖金,把大家的损失通过别的方法补回来。

然后,小李又推心置腹地对大家讲,其实这次失误除方经理的责任外,我们大家也有责任,请大家体谅方经理的处境,齐心协力,共同把公司的业务搞好。

小李的调解工作获得了很大的成功,大家慢慢地都表示了对方经理的理解,方经理也如释重负,心情豁然开朗。不久,方经理带领本部门员工,取得了前所未有的好成绩,为公司争回了面子,也为部门员工赢回了奖金,而小李也从此成了方经理的心腹。

在你的上司最需要帮助的时刻,你能够及时而勇敢地、得体而巧妙地站出来,为他解除尴尬、窘迫的局面。上司自然也不会亏待你,他会在另一个地方给予你另外的一种回报。

不要抢上司的风头

聪明的职场女性善于在适当的时机展现自己,却永远不会盖过上司的风头,永远让她的上司感觉到比她优越。如果你渴望取悦上司,令他们印象深刻,千万不可太过火地展现你的才华,否则你可能起到相反的效果——激起他的畏惧和不安。如果你能让你的上司看起来比实际上更聪慧,你就可以达到做人的绝佳境界。

你可能认为吹嘘自己的天赋和才华可以赢得上司的喜爱——其实这是个致命的误解。你的上司很可能会假装欣赏,可等到一有机会他就会以聪明才智、吸引力及威胁性都比不上你的人取代你。千万不要以为自己的地位是理所当然的,也千万不要让任何荣宠冲昏了头,抢上司的风头是件非常危险的事情。

如果想要获得生活和工作上的成功,抢上司的风头或许是最严重的错误。每个人都有不安全感。当你在上司面前展现自己、显露才华的同时,很容易增加他的不安全感,从而招来他的误解。

如果你比上司聪慧,就要表现出相反的样子,让他看起来比你聪明干练。你可以故作天真,使表面上看起来你更需要他的经验,有时还可故意犯一些无伤大雅的错误,这样他才不会感觉你对他有太大的威胁。

如果你的点子比上司的想法更富创意,尽可能以公开的姿态将这些点子划归他的名下,让大家都看清楚,你的建议不过是对他的意见的回应。

如果你的机智胜过他们,则扮演小丑的角色也无妨,但要记住别让他与你相比之下显得一板一眼。必要时,适当降低你的幽默感,找出方法让上司看起来才是散播欢笑、鼓舞士气的人。

如果你天生就是人缘好、慷慨大度,小心不要成为遮蔽上司光华的那片乌云。因为上司想要的是,他是每个人围着打转的太阳,散发着权力与光辉,是众人注目的焦点。

为自己拉拉关系

提到拉关系,有人可能就会翻白眼,认为拉关系玩手段是虚伪、轻佻、两面派的献媚行为。有人把这些刻意的行为称为"玩手段",其实,拉关系并不完全是坏事,建立关系网也不是一种无关紧要的社交活动,而是一种有意识的努力,一种同那些能以各种方式在事业上帮助你的人发生联系的有意识的努力。

曾任美国总统的罗斯福说过:"成功的第一要素是懂得如何搞好人际关系。"有人统计:一个人事业的成功,80%归因于与别人相处,20%才是来自于自己的心灵。

许多女人都相信，是金子在哪里都会发出光芒，相信只要老板看到了自己辛勤工作取得的成绩，自然会不断给自己升职加薪。其实，这种想法不完全正确。在职场上，女性需要构建一张人际关系网，这张关系网里的人精明、有影响力，了解你的技能和成就，能给你提供事业上的建议，使你对事业上的机遇保持敏锐性。建立这样一张关系网，不仅需要你走出办公室，而且还需要你调整自己的沟通风格和沟通渠道，懂得如何表达自己，以便同最具影响力的人物建立联系，给他们留下深刻印象。

大型人才网站“前程无忧”所做的一次调查显示，良好的人脉关系对职业生涯发展影响甚深。调查显示，有48.36%的人是主动出击建立自己的人脉关系，有34.22%的人是通过朋友介绍增长人脉，只有一小部分人（9.82%）是被动等待别人找上门。外企工作的人主动结识朋友的意识比较强烈，占了50.8%；国企工作者中，由朋友介绍与主动认识的得票率非常接近，分别为40.49%和43.67%。

很多人没有特别背景，自身能力也一般，过着看老板脸色的日子，有时不免做做梦，盼望一朝得到“贵人”提携，从此飞黄腾达。其实女人要进步，不仅仅在于你的工作做得怎样，还要看你认识什么人，有什么人知道你所做的工作。只要你留意建立好人脉关系，你会发现，生活中从来不缺贵人，他们可能就是你的朋友、同事，甚至是萍水相逢的人。

无论在工作上还是生活中，为自己拉拉关系，交交朋友，你会很快地就能得到“贵人”的提携，从而让自己飞黄腾达。

找到赏识你的伯乐

在攀向事业高峰的过程中，伯乐的发现，往往是不可缺少的关键环节。有了伯乐，不仅能缩短成功的时间，还能加大你的筹码。如果你自知能力缺乏，毅力有限，那就更需要伯乐相助了。

出生在一个普通农民家庭的郑海霞，她的成长离不开她一生中所遇到的三个慧眼识珠的伯乐。

第一位伯乐，便是郑海霞的哥哥，他写信给河南省体委，从而引起了上级对郑海霞的重视；第二个伯乐，则是商丘体校的方炳银教练，他初步培养了郑海霞的运动素质；第三个伯乐，就是武汉部队文化部训练处的王新华教练，他把郑海霞带入了篮球运动的殿堂。

郑海霞的表现的确也没有让他们失望。善于接受别人的帮助，是郑海霞由一个普通的农家女孩变成一名世界级篮球明星的奥秘之一。

一个人要想取得某种成就，必须具备一定的条件，而这些条件的客观方面却往往掌握在别人的手中。接受别人的支持和帮助，就像一颗优良的种子不拒绝一块适合自己生长的土壤，势必会加速一个人的成功，有时甚至决定着一个人的命运。

有了伯乐的相助，对你的事业发展将会大有助益。有一份调查表明，凡是做到中、高级以上主管的，有90%的人都受过栽培；至于做到总经理的，有80%的人遇到过伯乐；自己创业当老板的，竟然是100%都曾被不同等级、不同领域、不同身份的伯乐提携与扶助过。

伯乐并不仅仅是指那些名门望族、皇亲国戚、权重势强的权贵之人，而是指所有职位比你高且能帮助你晋升的人。有时你得费心地分辨谁具有这种能力。你或许以为，你的晋升概率取决于顶头上司对你的评语好坏，这观念或许也是正确的，但更高的管理阶层却可能不在乎他的推荐和好恶。所以，不要太肤浅，仔细深入观察，你将会找到能帮助你晋升的伯乐。

不做他人的垫脚石

在公司里做事，无论职位大小，总会有自己的顶头上司，对于一些刚刚大学毕业参加工作的女孩子，尤其是有比较突出的工作能力、学历又耀眼三分的女性，往往在一踏入职场，就会被别人来个“下马威”，就有可能会碰到小心眼的同事或是你的顶头主管，怕你一不小心“功高盖主”，抢了自己的风头，阻碍了自己的仕途，而故意给你使绊，或者把你的工作业绩抢到自己身上，让你成为他们的垫脚石。

刚刚毕业的小蔓就碰到了这样的事情：小蔓大学毕业后，在一家刚成立的咨询公司做客服，三个月做下来，小蔓的业绩有了突飞猛进的发展，但是职位和待遇却并没见什么改变，公司老总好像对自己的业绩视而不见。经过仔细观察和多方了解，小蔓才发现，原来，自己做成的客户到主管那里都变成了他的业绩。主管原本是凭借骄人的工作经历被招进公司直接做客户总监，仅比小蔓早进公司两个多月。据说主管在小蔓进公司前，业绩平平；自从小蔓进公司后，才有了点起色。而老板完全不知道这其中小蔓的成绩。

类似小蔓遇到的这种情况，很多刚入职场的人都遇到过，尤其是在那种管理还未踏上正轨的小公司打工，大多数人都是忍气吞声或是一跳了之，而很少有人去和对自己不平等的遭遇做抗争，最终的结果是，你的上司为他们的职业经历又加了一笔“财富”，而你自己却又风餐露宿继续找工作之苦。

不论职位高低，所有的员工都是给老板打工；在工作中如果有人要抢你的功劳，如果有人要嫁祸于你，怎么办？答案只有一个：决不做他人的垫脚石！

忍气吞声是职场中棱角磨圆的表现，但胆气却是职业成功不可或缺的要素。在提升自身能力和业绩的同时，一定要长点心计，不要辛苦半天，最后成了别人向上爬的垫脚石，成了被别人利用来为自己升职加薪的“刀”。

赏析

借刀杀人，是借他人之手或他人之力来铲除异己或达到自己目的的一种手段，杀人是广义的，也是狭义的。借刀杀人，就是借用盟友的力量去打击敌人，势必要使盟友受到损失，但盟友的损失正可以换得自己的利益。此计用于军事上，主要体现在善于利用第三者的力量，或者善于利用、制造敌人内部的矛盾，达到取胜的目的。

而在现代生活中，我们不提倡害人。因此，在这一计策的使用上，更重在一个“借”字。在现代经商中也经常用到，目的是：借用自己以外的人、事、物，达到自己的目的。一切谈判高手总善于利用一切可以利用的机会与条件；借用社会力量（社会公众舆论等）给对方施加压力；借助法律条文或财经制度规定等驳斥对方的无理要求，维护自己的正当利益；借助他人之言，与对方进一步讨价还价，实现谈判成功的最终目的。同时，也要学会巧妙地识别这一计谋，防止自己成为别人“杀人”的刀。职场上的女性，面对着晋升和加薪的诱惑，要学会借势，学会借助别人的力量，尤其要学会借助上司的力量，借助上司这把“刀”，让你晋升成功。

第35计

顺手牵羊：顺势获取周边利益

兵法原文

微隙在所必乘；微利在所必得。少阴，少阳。

原文今译

发现微小的疏忽和漏洞，就要加以利用；微小的利益也要力争，抓住对方的小疏忽，变为我方的小胜利。

这个世界并不缺少机遇，只要你留意，就会发现到处都是有用的因素：财富、机遇、能够帮助自己的人……这些因素就像一群群埋头吃草的羊，它们不会主动去咬住你的衣襟跟着你走，因为它们的目光一直停留在草地上。如果你想要得到它们，就得等到它们吃饱以后想要喝水时，顺势将它们牵起，这时，它们很可能会乖乖地跟着你走。聪明的女人知道"羊"在哪里，也知道什么时候才是形势最佳时，而不是对周围的事物视而不见、充耳不闻，却连声向上帝索取那些他已经赋予你的所有必要的才能与力量。

抓住看似不可能的瞬间

对于许多人来说，争取第一份正式的工作意味着守候在老板家门前的石阶上，等待他给你一个机会。但是，很多时候，机会是等不来的，需要你主动出击，为自己找一个机会。

卡罗尔·钱宁在本宁顿大学攻读戏剧专业,她的志向是有朝一日能够登台表演。寒假期间,学校鼓励每个学生走出校园,到现实的世界里去找一份与所学专业有关的工作。卡罗尔北上纽约,直接找上了全美最知名的演出公司之一——威廉·莫里斯公司。这类公司通常只为凯瑟琳·赫本这样的大明星寻找演出机会,对于没有实际舞台经验的大学生则一律拒之门外。他们甚至不愿给卡罗尔一个尝试的机会。

然而,卡罗尔却好像要等待机会从天而降,她一直留在等候室里没有走,她坐在两个男演员之间,这时女秘书走了进来,用手一指,说道:"你!"她指的究竟是谁呢?

卡罗尔心里明白她指的不是自己,但是,她灵机一动,先跳了起来,很自信地走进了经理办公室。她唱了一首歌,可是毫无反应,于是她又唱了一首,这次经理站了起来要送她出去。见此情景,卡罗尔赶紧又唱起了第三首歌。"等一等,过去我奶奶常给我唱这首歌。"就这样,卡罗尔被录用了。

卡罗尔在看似不可能的情况下,抓住了女秘书工作中的一个漏洞,为自己争取了一个机会,从而没有让机会与自己擦肩而过。

机会总是照顾那些有心人,而总是在那些无意留心的人身边匆匆溜走。一些人之所以不能成功,并不是因为没有机会,并不是得不到命运之神的垂青,而是因为他们太大意了。他们的大意使他们的眼睛浑浊而呆滞,因而机会一次一次地从他们的眼前溜走而自己却浑然不觉。

财富就在你身边

不要以为机遇难寻,其实现实生活中许多机遇就在你的身边,就看你能否发现。在美国东部的大城市中,至少94%的人第一次挣大钱是在家中,或在离家不远处,而且是为了满足日常、普通的需求。对于那些看不到身边机会、一心以为只有远走他乡才能发迹的人,这不啻是当头一棒。不要等待千载难逢的机会,抓住平凡的机会你就可能让自己不平凡。

有一个山东女人,一次偶然在报上看到一篇中国留学生介绍法国留学生活的文章,中间提到一句,第一次见房东老太太时给了她一条抽纱桌布,老太太爱不释手,并把这条美丽的桌布展示给每一位拜访的客人看,在她的朋友圈中引起了轰动,结果许多人都托这位留学生回国买抽纱产品。

这位山东女人看了文章后灵感迸发,因为山东正好出产抽纱,她立刻给一位在法国的朋友打电话,委托这位朋友寻找市场,自己在国内挂靠了一家有出口权的公司,联系了一批工艺精良的抽纱厂家,就这样做起了抽纱出口生意,当年就赚了上百万。

人总是关注远方而忽视脚下,总是抱怨命运没有予以他们获取财富的机会,孰不知,财富其实刚刚从他们身边溜走。每一个欲拥有财富的人,要能够快速感知外界的变化,尤其要善于捕捉每一丝商机。财富随处可见,机会也随时存在,生活中许多机会,都是在细节中隐藏着的,能不能发现,就看个人的能力了。

我们常常会舍近求远,到别处去寻找自己身边就有的东西。而机遇往往就在你的脚边,准确地讲,是在你的眼皮底下。能拼能赢者都是有心的人,因为他们不会让任何一次机会从自己的眼皮底下溜走。

市场需要什么,我们就做什么

“市场需要什么,我们就做什么”,这是国际企业界普遍认可的一句箴言。话虽这么说,但市场真的需要什么,却不是教科书能够回答的。因此,要想创业取得成功,就得有颗慎细的心。

有需求就有市场,有问题有就商机。但能不能发现市场和商机，要靠自己去把握。机会来临时，许多人闭门不纳。他们不知道机会稍纵即逝。所以，你要保持心胸开阔与乐观，不久你就会听到机会在敲门，不是敲你的家门，而是叩你的心扉。

咨询业是一门非常专业的学问，前景非常看好。在这越来越高科技化的世界里，人与人之间获取知识和信息越来越成为一种需求，而咨询业正好赶上了这趟需求列车。

隋雅原是一位普通教师，后来跳槽去一家教育培训机构做了几年，比较顺手，因此出版了一本关于留学的专著。这本书非常成功，吸引了不少人向她咨询有关留学事宜，她自己也成了这方面的专家。好事还在后头，正是这本书产生的社会效果，引导她走向了咨询行业，这是她做梦也没想到的。因为她以前一直单纯地认为自己只要做好培训工作就行了。现在，她有了一个自己的梦想，创办自己的留学咨询机构，开拓自己的人生新领域。

她出版的这本留学专著可谓占尽先机，因为在此之前很少有专门介绍留学方面的书，加之又赶上了留学热潮，自然使这本书非常畅销，也引来了专家学者的推荐。书刚一出版，全国各地打来的咨询电话就源源不断，还有顾客亲自找上门来。为此，她给自己新开了一间办公室，因为人满为患经常令她应接不暇。

创业初始，她主要做免费咨询，但由于人太多，她决定开始收取一定的咨询费，同时减轻自己的劳动强度，并更好地有针对性地进行服务。咨询业是一个新兴行业，她看中了这个市场的前景，决定做有偿咨询，朝专业化方向发展，而且要把服务做得更好。因为大家已经认可了她的服务，虽然收费，前来咨询的人仍然络绎不绝。

由于她在咨询方面的成功和专著的出版，她的咨询执业证书也很快获得批准，从此成为一位名副其实的咨询师，咨询为她带来了丰厚的利润。

隋雅做咨询是完全有资格的：她留过学，有丰富的人生经历，又是教育学硕士，还有几年的工作经验积累。不过，要从事咨询工作，仅有资格是不够的。她的咨询之所以受到人们的欢迎，很重要的一点是因为她长期从事这方面的实践操作和信息采集工作，因而具有丰富的信息资源和经验，这是他人无法比拟的。此外，她有关留学的咨询，很自然地与学生的学业、生活、教育联系在一起，随即又扩展到提供有关家庭问题的咨询，并连带开拓了几个新的服务领域，深受许多人的欢迎。她出版的咨询专著，也为她在做咨询方面的服务奠定了一定的基础。从此以后，她走上了一条咨询致富的从业之路。

当今社会进入了知识经济时代，信息高度发达，也很值钱，谁能在信息领域内开拓新大陆，谁便能在该领域内首先占有优势并迅速获利，新时代的女人们也要从中分一杯羹。

一个新的领域，需要你有敏锐的触角和敏感的心去发现，而新的机会则需要你抓住不放。女人爱做梦，而现实就是一场梦，抓住了，就能圆了你美好的梦想。

罗丹说："生活并不是缺少美，而是缺少发现美的眼睛。"同样，生活中并不缺少机会，而是缺少发现机会、抓住机会的眼光。如果有了敏锐的洞察能力，即使生活中没有机遇，也能创造机遇。

挖掘潜在的机会

机会是一种重要的社会资源，得到它，你就有可能飞黄腾达，失去它，你也许就会一事无成。但机会绝不轻易光顾，它的到来，条件往往十分苛刻，且相当稀缺难得，它并非那样轻易得到。要获得它，需要极大的"投入"，才会有"产出"，需要高昂的代价和成本，这就是准备相当充足的实力、雄厚的才能功底。机会相当重"情谊"，你对它倾心，它也会对你钟情，给你报答。

正如未来的橡树包含在橡树的果实里一样，机遇也常常包含在奋斗之中。成功永远属于那些富有奋斗精神的人,而不是那些一味地等待机会的人。机会是可以自己创造的。如果以为个人发展的机会在别的地方,在别人身上,那么一定会遭遇失败。

在一个著名的商业网站上有这样一个帖子:“假如你有100斤黄豆要卖出去,可现在市场上黄豆正滞销,请问你有什么办法把豆子卖出去?”

一时间,跟帖的网友纷纷支招,他们提出的办法不下20种,其想象力令人叹为观止,深受启发。现仅列举如下3种:

第一种方法:如果市场上豆子滞销,那么就把豆子剥成豆瓣,卖豆瓣;如果豆瓣卖不动,就把豆瓣腌了,卖豆豉;如果豆豉还卖不动,那就加水发酵,改卖酱油。

第二种方法:将豆子制作成豆腐,卖豆腐;如果豆腐不小心做硬了,就改卖豆腐干;如果豆腐不小心做稀了,就改卖豆腐花;如果实在太稀了,那就改卖豆浆;另外,卖不动的豆腐还可以放几天,改卖臭豆腐;如果还卖不动,就待其长毛发霉后,改卖腐乳。

第三种方法:让豆子发芽,改卖豆芽;如果豆芽还滞销,就让它长大点,改卖豆苗;如果豆苗还卖不动,就再让它长大点,当盆栽卖,命名为“豆蔻年华”,到城市的各大中小学校门口摆摊,并到白领公寓区开产品发布会,记得这次卖的是文化而非食品;如果还卖不动,建议拿到适当的闹市区进行一次行为艺术创作,主题就是“豆蔻年华的枯萎”,记得以旁观者身份给各个报社打电话报料,如成功,可迅速成为行为艺术家,并以此完成另一种意义上的资本回收,同时还可拿到报社的报料费;如果行为艺术没人看,报料费也拿不到,那就赶紧找块地,把豆苗盆栽入土,灌溉施肥,除草培育,几个月后收成,再去市场卖豆子……

这世上没有卖不出去的豆子,只有卖不出豆子的头脑。此路不通,就换一条路,豆子总能卖出去……

世界上最需要的,正是那些能够制造机遇的人。时机虽是超乎人类能力的大自然的力量，但人在机遇面前，不都是被动的、消极的。许多成就大事的人，更多的时候，是积极地、主动地争取机会，创造机会。

走向成功的人，绝不是一个逍遥自在、没有任何压力的观光客，而是一个积极投入的参与者。善于制造机会，并张开双臂迎来机会的人，最有希望与成功为伍。积极创造机会，也正是现代人必须具备的人生态度。

不要等待机会出现，而要创造机会——就像拿破仑在近百种不可能的情况下为自己创造出了成功一样去创造机会。要像战争或和平时期所有的伟大领导者一样，去创造出非常的机会，直至达到成功。

赏析

顺手牵羊，比喻趁势将敌人捉住或乘机利用别人，现在比喻乘机拿走别人的东西。用于军事中，是指看准敌方在移动中出现的漏洞，抓住薄弱点，乘虚而入获取胜利。古人云："善战者，见利不失，遇时不疑。"就是说要捕捉战机，乘隙争利。

对于生活在现代社会中的人们来说，顺手牵羊的策略，可以提醒人们，在工作或商业活动中，一定要眼观六路，不放过任何一个可以利用的机会。作为一种计谋，顺手牵羊常常不是等"羊"自动找上门来，而是着意寻找敌方的空子，或诱使敌方出现漏洞并进一步利用漏洞，从而使自己牵羊时很"顺手"。在各种争斗中，机遇是非常重要的，敌方的疏漏往往是我方的机会。

第36计

打草惊蛇：巧妙警告自己的下属

兵法原文

疑以叩实，察而后动。复者，阴之媒也。

原文今译

有疑问就得侦察核实，只有在准确掌握了对方的情况后，才能行动。反复了解、判断分析敌方的情况，是对付敌人阴谋的主要手段。

女人在职场上，有着男性所不具有的细心，也有着不如男性的威严和震慑力，尤其是作为管理阶层的女性，往往会因为自己的性别劣势，而不能让自己的下属，尤其是男性下属臣服，从而会给自己的管理工作中无形中增加很多困难。因此，作为女性管理者，对于心有不服、有意刁难自己的下属，要在适当的时候，以恰当的方式，“惊”他一下，巧妙地给对方以警告，让下属对自己的行为有所反省和收敛。而“惊”的巧妙之处，就在于“打草”的方式，既要给予应有的尊重，保住对方的尊严，做到不伤害到对方的自尊心，同时，又决不可姑息迁就，以妨对方肆意妄为。

当女人成为女上司

女人依靠自己的能力和魅力在实际工作中被领导提升为上

司是一件很好的事,但你要知道“高处不胜寒”这句话的意思,女人在工作中,在作为上司的工作中,被故意为难的情况屡见不鲜,只有明白了作为女性上司需要注意的一些情况,做起工作来才能得心应手,游刃有余,才能长久地领导他人做好各方面的工作。

如果下属也是女性,作为女上司需要注意下面几点:

(1)以身作则方可为人楷模

工作的时候,所有人的眼睛都看着你,如果起不好带头作用,以后的管理就难了。

(2)切不可显示出优柔寡断的女人气

婆婆妈妈、唠叨琐碎是身为女性管理者的大忌。

(3)不要因为属下是女人就起恻隐之心

不要怕别人说你心狠,任何情况下都要明确传达指令。一切以工作为重,大度自信,从容面对女人管理女人的问题。

(4)如果下属是男性,则要谨慎对待

对男性下属有时候不必优礼有加。做一个成功的职业女性,面临着多方面的压力。除了性别歧视,还面临着男性下属不愿服从的麻烦。作为女主管,你若对他用软功,苦口婆心,他会看扁你,因此,对待男性下属要拿出上级的权威,让他感到你不可随意被欺负。当然,若能恩威并举是最有效的。

作为女性上司,一定要培养自己的独立性。最重要的是,女上司千万不要在下属面前流泪。虽然说女性很容易用哭来要求想要的东西。但在一个工作的环境里,尤其是你作为女性领导,这种女性化的情绪表现却是不被容忍的。你的眼泪,可能会在短时间内为你赢得同情和帮助,但是,从长远的眼光来看,不但有损你的威严,也会对你的事业形象有害。在有些情况下,男人可以接受某些女人的眼泪,但对一位主管来说却绝对不能。

在与男性下属沟通时,还要注意不能伤害到男性下属的自尊心。当然,这并不是要你向男人拍马屁,但你一定要明白,男人总是自信天下第一、无所不知、无所不能。这种自尊心实际非常脆弱，一遇到女人威胁到他的存在便会产生抗衡心理。所以你若想在男性同事中站稳脚跟，就必须懂得在适当的时候维护一下他们的自尊，并夸奖他们一两句。但要记住：这种夸奖要有分寸，否则别人可能误会你对他有意，而令你们尴尬。

李小兰是公司市场部门内入职最短也是最年轻的一个，但最近被老板升为主管，她知道同事私底下都怀疑她的工作能力，甚至认为她资历尚浅，不了解行规、做事方法等。李小兰明白老板升她是希望她用新理念去刺激同事，改变以往因循守旧的运作模式。

于是，李小兰先用实力和表现去证明自己是最合适的人选，然后，主动、谦虚地和资历较深的同事讨论不同形式的处理方法和运作模式，尊重旧同事的意见，集思广益，让同事都感觉到他们自己的地位并没有被贬低。

征求男同事的意见也是一种赞赏。因为这表示你重视他的见解和经验，令他觉得他存在的重要性。征求男同事的意见时你要注意：在公司极不适宜和男同事谈论纯私人性的问题，如家庭、丈夫、男朋友的问题等，除非你和他私交相当不错。当然，如果你想买汽车、投资股票或购买房子，又知道他在这方面有研究，就可以在轻松的情况下（如午饭、下班后）向他讨教。这样，会让他觉得你有眼光而对你友善，从而会自觉站在你的立场上考虑问题，对你的工作也会更加支持。

我是主管听我的

虽然女性在社会中的地位大大提升，女主管已不鲜见。但是，在中国，传统上还是男人的社会，女性做主管很多时候会遇到意想不到的困难和阻力。做好一个女主管非常不容易，你会面临来自各方面的压力，你还要会灵活机智地处理各种问题。但是，你一定要明白一个道理，那就是：我是主管，你要听我的。

以下是成为超级女主管的 6 条法宝，明白这些道理，也许能帮你在你的职业生涯中尽展你美丽干练的风采。

(1)树立自己的威信

在一般人的眼中，女性主管给人的印象是胆量不够，办事不利索，眼光短浅，依赖性强。因此，女性主管第一件要做的事，是塑造自己的形象。要树立自己的威信，要有领导的风范。证明自己有办事能力，同时说话做事要能服人。做一个成功的女主管，会面临多方面的压力。除了上司和工作上的压力，还有性别歧视，会面临着男性下属不愿服从的麻烦。作为女主管，要拿出上级的权威，恩威并举，只不过这种恩要建立在威的基础上。

(2)工作上要公私分明

照章办事，公私分明。在工作中严格照章办事并不容易，有些人常钻人情空子，尤其是作为女主管亲近的人。这些人往往会设下友情的陷阱，利用和女主管的关系，做些不正当的事情。女性主管往往会在不知不觉中成了别人的工具。

因此，女性主管在遇到有损害自己职责和威信的事情时，一定要果断处理。哪怕是最好的朋友，也不能因此妥协通融，从而给别人留下话柄，给自己以后的工作造成障碍。一定要按原则办事，但要注意的是，一定要做好善后工作。

(3)培养能干的个性

作为女主管，如果私下交往不错的话，你还可以得到许多人的关爱。但是，如果你很能干，因为中国传统的大男人主义的作用，女性主管在工作场合里，很难得到男人真心的帮助。所以，女性主管这时候唯一能依靠的只有你自己，要能自己独当一面，能调动你的兵马，那么你就是一个有主见和有本事的主管。

(4)学会做领导,不要事必躬亲

女性一旦得到提升,便觉得自己应更加努力,很容易事无巨细都亲自接手。这其实是大多数新任女主管共同的症状,反而会使你变得心力交瘁,精神不振。同时,如果事无巨细你统统包办代替,下属也会因此而事事依赖你,从而难以发挥他们应有的才能和整体配合的效益。要改变这种被动状况,你必须学会妥善地向下属布置工作。主管就是主管,要学会做领导,指导部属从一个新的角度去展开工作。

(5)恰到好处地运用批评警告

作为一个女主管,当面临男性下属没做好工作而需要批评时,往往会觉得难以启齿,担心伤害男人的自尊心。其实,你既是主管,该说就要说,该批评的就要批评,不必有太多的顾忌。只是,批评时要讲求艺术,毕竟,男人的自尊非常脆弱,一旦在女人前自尊心受到伤害,便会产生强烈的抗拒心理。因此,在批评之前,最好先赞赏几句,然后再具体地提出建设性的批评意见,并提供改进的方法。

做个有城府的女主管

"城府"常常指一个人心机深藏不露,不可捉摸。但是我们要说的"城府",绝不仅仅是一个消极、负面的东西,而有着它积极而微妙的意义,成为许多女性领导管理下属的一种十分有效的艺术方法。以下几招可帮助你轻松成为超级女主管,让你在复杂多变的职场生涯中游刃有余:

(1)多与同级主管或上司交往

你若想保持女主管的形象,并要别人承认你这个地位,你应该多与自己同级或更高职位的上司来往,这并不是势利眼而是现实需求。你需要开拓多方面的人际关系,这对于你协调各部门的工作将非常有利。商业社会阶层观念特别受到重视，职位是身份的象征。你若留意的话，你就会发现，其他主管也都更多地与主管级以上的人来往。

(2)与以前的下属朋友适当保持距离

假如你做主管以前和别的同事成为莫逆之交。你升职主管后，要尽量避免再与他(她)们打得太过火热。一方面，那样会让别人觉得你还摆脱不了做下属时的风格，没有领导风范，从而不易服从你的指令；另一方面。他们亦会在你面前缺少必要的顾忌。而且，你的上司也不希望你跟以前的朋友相处太过“火热”，更会顾忌你们结成同盟。所以，升任主管少不了走上层路线，当然以前的朋友也不能疏远，而是要换一种方式激励他(她)们。

(3)学会客观地接受批评

女人做事很容易主观化、情绪化，一旦受到别人的批评，很容易不经考虑而立刻为自己所做的事进行辩护，设法为自己开脱。特别是受到上司的指责时，更会觉得难以忍受，有时还会丧失客观的判断力，会给人不能接受意见的印象。作为女主管，一定要沉得住气。学会客观地分析自己，不要主观化，要提高自己分析问题的能力，学会接受批评，哪怕是错误的批评，也要受得起。如果对方的批评有误，可以在事后再去解决问题。

(4)对别人的反应要敏锐

作为一个女性主管，要同时面临上司和下属两方面的关系处理问题。因此，要想和对方建立一种良好的工作关系，就需要擅长观察别人的情绪，采取不同的办事方式。如果你的上司在早晨心情特别好，那你便要看准时间，和他商讨问题或提出升职的要求；如果你知道他今天特别忙碌或刚开完会，非常疲倦，你千万不要去打扰他。而对于下属，如果觉察出异样的情绪，你要及时送去关心和安慰。

城府其实可以理解为一种“距离感”。有些重要的问题，重要的决策,涉及关键的人事变动,对各种人的批判、利益关系的变动等敏感要害,领导者永远要深藏于心,深思熟虑,而不要随便表露出来。

女性作为领导层,有着男性无可比拟的细致和优势,也有着果断和魄力方面的不足,尤其是面对男性下属的时候,一定要有些城府,学会喜怒不形于色,懂得藏起自己的弱点,大胆表现自己的果敢,让男性下属不敢小瞧你。

不妨试试曲线沟通

直线距离最短,但在职场中走曲线道路才是最便捷的沟通方式,也是最得人心的。女上司同下属沟通,尤其在批评或指出下属工作失误或不足时,最好采取曲线沟通的方式,言词尽量委婉,语气尽量平和,既不要伤害下属的自尊心,又能促进下属工作的改进和完善。

小希去年大学毕业后,来到了一家公司市场部工作。她的顶头上司兰新月是位女经理,平时待人很随和,不过,小希初来乍到,对兰经理也不了解,所以,每次在面对兰经理时,还是有些拘谨。

这天,兰经理让小希起草一个标书,投标一座写字楼的装修工程。接到任务后,小希既兴奋,又紧张。这是她第一次独立制作标书,稍有闪失都会影响到竞标成功。

小希加班加点,日夜不停,一周后终于完成了。怀揣这三十余页的标书,小希来到女上司办公室,经理粗略阅了一下,然后说:"标书先放这里,你先回去吧。"

标书制作得怎么样?小希心里一点儿底儿也没有。第二天早晨,上司那边仍然没有反应,小希更加忐忑不安了。因为以前也有这种情况,同事做的标书交到上司那里就没有了任何音讯,最终的结果是被否决了。

正在小希胡思乱想时，一个经验丰富，也是部门资格最老的同事王先生过来关切地说："小希，你的标书做得怎么样了？需要我帮你看看吗？"小希赶紧把自己备份的标书拿给他。他用红笔在标书上做了大量修改，对有些数据和资料做了矫正。用了整整一个下午，他们俩又把标书重新做了一次。当小希再次把标书送到上司手中时，小希注意到她的脸上有一丝笑容闪过。后来，公司竞标成功，在庆功会上，上司表扬小希标书做得好，立了很大功劳。

小希心里感激王先生，主动请他吃饭。吃饭时，王先生告诉小希，其实是兰经理让他帮助小希的，并且告诉哪些地方需要改正和完善。王先生说："可能是经理怕直接告诉你会打击你的积极性吧，所以采取了这种'曲线沟通'的方式。"此时，小希才恍然大悟，更对经理充满了敬意。

"曲线沟通"是女人的天生优势，有时候一个神态、一个表情都可以起到沟通的作用。表达方式上可灵活多样，而不一定要当面说，也可以采取正面引导的方式提醒下属。

当然，作为下属，在同上司沟通时，更需要技巧。充分领会上司的意图是下属的一项基本技能，当上司总喜欢委婉表达她的意见时，一定要注意听话外音，还要注意观察上司的表情和神态，这些都暗含着某种意义。

赏析

打草惊蛇之计，一指对于隐蔽的敌人，我方不可轻举妄动，以免敌方发现我方意图而采取主动；二指用佯攻助攻等方法"打草"，引蛇出洞，中我埋伏，聚而歼之。

打草惊蛇，作为谋略，是指如果敌方兵力尚未暴露、行踪诡秘、意向不明，就不可轻敌冒进，做法不谨慎，反使对方有所戒备。

社会生活里，充满阴谋诡计，像草丛中潜伏下来的毒蛇，时不时地有无辜者被伤害，正直者遭打击。大多数搞阴谋的人，和做贼一样，心是虚的，只要我方一方面虚张声势，一方面谨慎防范，就可以使其中止阴谋，或者暴露阴谋，并打击阴谋者。

做人难，做女人更难，做女上司更是难上加难。如果你是一个巾帼不让须眉的女强人，那就更得考虑如何管理自己的下属了，尤其是下属中的男性。要摸清他们的心理，对于下属既要尊重又决不可姑息妥协，要做到奖罚分明，有的放矢，对有功者一定要给予应有的报酬，而对于有意为难自己的“蛇”，将其赶尽杀绝当然不是上策，最好是先“打草”，让“蛇”感觉到一些风吹草动，从而收敛自己的行为。

主要参考书目

[1] 陈泰先. 幸福女人必备的九大心计[M]. 北京:中国致公出版社,2007.

[2] 郑观芯. 完美女人的人生智慧[M]. 北京:蓝天出版社,2008.

[3] 张静. 女人必修的 9 堂职场课. [M]. 北京:新世界出版社,2008.

[4] 亦辛. 女人 22 岁以后该做什么[M]. 北京:中国纺织出版社,2009.

后　记

《我不是教你诈：聪明女人36计》终于要和读者见面了，回顾过去的时日，漫长却并不难熬，因为有文字的陪伴，我就不会寂寞。敲完最后一个字，我长舒了一口气。不是因为书稿的最终完成，而是因为终于能够为广大可敬可亲可爱又可人的女同胞们献上一份我的绵薄之力了。

如果你渴望自我提高和自我实现，如果你渴望真挚的爱情，如果你追求稳定的婚姻，如果你想要成为社交场上的明珠，如果你希望成为职场上的女王，那就跟着猫猫一起读读这本写给女人的兵法书吧！

在此，我要郑重声明：我真的不是教你诈，我只是不忍心看着你因生活或工作上的种种事情而烦恼；我真的不是教你诈，我只是想把一些获得幸福、赢就人生的小技巧讲给你听！

人人都希望成为智者，但是只有极少数人才能真正成为智者。现在的你，如果还不是一位智者，或者感觉自己很难成为智者，那就做一个聪明者吧！聪明女人没有智慧女人那么让人感觉高高在上，但是聪明女人却更容易获得美好的爱情、幸福的婚姻，也更容易赢得周围人的心！因为，聪明女人是可着人的心裁的，无论是对于本人，还是对于男人，抑或对于其他一切交往的人，聪明女人都是恰到好处的。

真心希望走进本书的每一个女子都能收获和维护那份向往已久的幸福，都能发现和抵达那条通往成功的大道！

另外，也欢迎亲爱的读者朋友与猫猫多多交流，您可以发送邮件至 coffeecatgirl_09@ sina. com 与我取得联系。

咖啡猫女

2009年5月